数字传媒研究前沿丛书

算法传播十讲

Digital Media Research Frontier Series

全燕 等／著

苏州大学出版社
Soochow University Press

图书在版编目(CIP)数据

算法传播十讲 / 全燕等著. —苏州:苏州大学出
版社,2023.5
(数字传媒研究前沿丛书)
ISBN 978-7-5672-4338-5

Ⅰ.①算… Ⅱ.①全… Ⅲ.①算法-传播-研究
Ⅳ.①O24

中国国家版本馆 CIP 数据核字(2023)第 064184 号

书　　　名:算法传播十讲
SUANFA CHUANBO SHIJIANG

著　　　者:全　燕　等
责任编辑:施小占
装帧设计:吴　钰

出版发行:苏州大学出版社(Soochow University Press)
社　　　址:苏州市十梓街 1 号　邮编:215006
印　　　装:苏州市深广印刷有限公司
网　　　址:www.sudapress.com
邮　　　箱:sdcbs@ suda.edu.cn
邮购热线:0512-67480030
销售热线:0512-67481020

开　　　本:787 mm×1 092 mm　1/16　印张:12.5　字数:252 千
版　　　次:2023 年 5 月第 1 版
印　　　次:2023 年 5 月第 1 次印刷
书　　　号:ISBN 978-7-5672-4338-5
定　　　价:48.00 元

全 燕

全燕，广东外语外贸大学教授，博士，云山杰出学者，高校影视学会影视国际传播专业委员会副主任委员，媒介文化研究专业委员会理事，广东省普通高校科研创新团队的带头人，广州城市舆情治理与国际形象传播研究中心研究员，中山大学城市治理创新研究基地特邀研究员。

国家社科基金重大项目首席专家，主持国家社科基金一般项目3项、省部级课题4项，发表重要论文50余篇，多篇被《新华文摘》、中国人民大学复印报刊资料库、《中国社会科学文摘》《高等学校文科学术文摘》等转载，是国内多家CSSCI来源期刊阅评人。

主要研究方向为算法传播、算法文化研究、人机传播、新媒体政治传播等。

序 言

PREFACE

　　早在 2014 年，IBM 就曾将他们创造的沃森（Watson）认知分析引擎描述为"更像人类而不是计算机处理信息的技术"。这是因为沃森所代表的算法自动计算机器能够自主学习数据，并产生独创性内容。而今天，人们已经与智能算法深度交织在一起，尤其是在智能传播环境下，算法即媒介，已成为平台媒体中举足轻重的一级传播主体。随之而来的算法传播现象引起了学者们的注意，相关学术研究非常活跃，也产生出数量可观的研究成果，这其中无论是理论研究还是实践探讨，都是在一个充满希望的新知识领域探索前行。但与踊跃的知识生产相比，研究规范性的建立相对滞后，这与传播学作为一门学科，在媒介技术突飞猛进的今天面临着诸多不确定性有关。我们认为，算法传播研究应建立在解释现象的基础上，但必须是客观的、系统的，并且允许验证。但目前的研究显然还没有形成这种理论自觉，表现为算法传播的本体薄弱，研究普遍但分散，研究范式庞杂欠清晰，特别是相关概念没有建立在科学阐释和系统分类的基础上，等等。这些问题都表明，算法传播还没有在传播学的科学研究体系中形成一个有机整体。换句话说，算法传播研究范式没有产生，不是因为没有价值，而是因为还没有系统性研究为这个新兴传播领域赋予合法地位。

　　基于此，本书从勾画算法传播的草图开始，从计算主义根源追溯到其在媒介化社会中的发展，将算法传播按照科学的传播学研究进行组织，对相关概念、范畴、理论、模型要素、方法、关键议题等进行系统化研究，旨在建立较为完整的算法传播研究体系，也为包括算法传播在内的其他新兴传播研究创造融合的平台。

　　本书共分十讲、两个主题，前五讲为算法传播的基础专题，其中第一到第四讲分别从关键概念、理论基础、方法论基础、跨学科视野等角度展开，对算法传播进行科学研究的范式建构；第五讲分析中外算法传播研究领域的核心作者、研究机构、研究热点和发展趋势，以期全面把握算法传播的发展脉络与运行规律。后五讲为算法传播的关键议题，为读者梳理该领域的热点和前沿讨论。我们分别关注了算法传播中的传媒业变革、算法新闻样态、算法传播中的平台媒体、算法传播中的新闻伦理、算法传播与互联网治理等五大领域。正如作者在后五讲尝试呈现的那样，算法传播提供了计算改变传媒的一系列方案，与此同时还波及平台社会的方方面面，产生了深远和不可逆转的影响。

目　录

CONTENTS

第一讲
算法传播的关键概念

在过去的大约 15 年里，我们共同亲历了媒介史上一个新阶段的到来：移动媒体、社交媒体的智能化发展以及各种应用程序的平行扩张，使社会重新媒介化。在智能传播时代，人类所有的信息行为都会以数据形式被存储下来，海量的用户信息为深度学习提供了样本数据。以"计算引擎决策一切"为特征的算法技术所创造的一套实践理性，正在成为一种媒介管理机制，并为传播嵌入了新知识观、价值体系和行为模式，从而形成一种依靠算法决策的新型传播形态——算法传播。算法传播是在传播社会学意义上整体发生异变的一种传播形态，这种新型传播从内容生产、渠道组织到信息传递方式等方面彻底颠覆了传统的传播模式，颠覆了传统传播组织与传播活动的规则与边界，实现了传播的质性革命，引起了传统传播格局的变革，使传播范式有了革新。作为一种独立且重要的传播类型，对其进行学理化建设尤为必要。在本书的第一讲，我们对与新闻传播学相关的算法传播的一系列重要概念进行溯源、界定，并观察其使用情况，以期对后续研究起到锚定的作用。

▶▶ 一、算法与算法传播的概念界定

（一）算法

算法的词源来自希腊语的"数字"（arithmos）和阿拉伯语的"计算"（al-jabr），是古希腊著名数学家欧几里得提出的一个数学概念。算法（algorithm）一词源于 9 世纪波斯数学家花拉子模（Khwarezm）的名字，他强调求解问题应当遵循有条理的步骤，这种条理性后来被视为算法的核心。计算机诞生后，算法成为计算机科学领域一个重要概念，计算机科学家唐纳德·努斯（Donald Kunuth）在他 1968 年出版的《计算机编程艺术》一书中，广泛采用了"算法"这一术语，用来指代"非常明确的计算过程，可在有限的步骤中完成，具有正确的结果"。算法一词的定义有很多，赵建波将算法定义为对为实现某种特定结果的代码函数公式运行过程和结果的高度抽象表述[①]；而另有学者将其定义为基于数理统计模型和决策程序的一系列指令组合，能告诉计算机在精准的步骤和规则内如何完成目标任务[②]。

美国数学家和数据分析师凯西·奥尼尔（Cathy O'neil）在她的《算法霸权》一书中说道：算法能从一个领域跳跃性地应用于另一个领域，而且经常如此。进入 21 世纪

---

①　赵建波. 智能算法推荐视域下思想政治教育的问题研判与应对策略［J］. 思想教育研究，2019（12）：19 - 24.

②　SCHILDT H. Big data and organizational design-the brave new world of algorithmic management and computer augmented transparency［J］. Innovation，2017，19（1）：23 - 30.

以后，法律学者、公共政策专家、监管机构以及社会科学家借用了"算法"这个概念，其展现形式包括但不限于：预测性的警务和情报系统、司法判决推荐系统、政务决策推荐系统、学生与高校辅导推荐系统、电子商务推荐算法、自动化医疗诊断评估和治疗顾问、算法交易系统、新闻网站的个性化新闻推荐等。算法不仅仅是一种技术架构，还是与周边生态系统密切相连的嵌入式的产物和具有生产性的过程。这个定义包含了两个方面：算法的技术性与社会性，前者指基于平台、软件、程序、基础建设而形成的技术程式；后者指包括更广范围内的人类设计、意图、观众、关系、消费与使用的社会范式。

算法已然变成了文化实践本身，许多学者对算法从技术式定义转向了文化式诠释。2012年，特德·斯拉伯斯（Ted Striphas）将"算法"与"文化"联系起来，提出了"算法文化"，将其定义为"利用计算过程对人、地方、物体和思想进行排序、分类及分级"。后来，他提取出"信息"（information）、"人群"（crowd）、"算法"（algorithm）三个关键词用以说明算法文化的特征，包括：算法针对特定的人群收集、分发与推送信息；高雅与通俗文化的分野不是算法采纳的标准；算法只考虑能够纳入所在平台上的数据；算法显著承担了文化的主要责任即"重组社会"的任务[1]。塔尔顿·格列斯皮（Tarleton Gillespie）给出了相似的论断："算法既是传播机制，也是估价机制，是知识机构流通和评价信息的过程的一部分，是新媒体提供和分类文化的过程。"

算法是一个跨领域、跨学科的知识概念。孙萍对算法及其特征作了概述：算法可以被看作是多元传递模式下的一种技术制度和文化实践，技术制度的视角在一定程度上拓展了算法的数学和逻辑定义，而文化实践的视角则为理解算法注入了更多的范式可能。算法具有以下几种特征：（1）算法的概念化具有多元范式。（2）算法的传播呈现网络聚集效应，即相关利益方均被直接或间接地纳入传播过程中。（3）算法作为技术性的存在，同时兼具嵌入性和脱嵌性，嵌入性指的是对算法的分析要放在社会系统和制度结构的框架之下；脱嵌性指的是算法本身所聚拢的社会资源和技术让它拥有改变、重组社会结构的能力。（4）算法可以建构或再生产权力关系。

（二）算法传播

人们从连接世界的Web 1.0时代，走到社会化媒体兴盛的Web 2.0时代，互联网从"可读"变为了"可写"。因当前媒介较低的准入门槛，媒介将传播话语权赋予大众，几乎每个人都可以成为内容的生产者。由此，互联网空间中的信息体量以几何倍数增长，导致人们在海量信息面前无法及时捕捉到自身关心的有效信息，面临着信息过载的

---

① 毛湛文，张世超. 论算法文化研究的三种向度 [J]. 现代传播（中国传媒大学学报），2022，44（04）：72－81.

问题。而算法的引入恰好解决了这一问题，它依靠自身强大的计算能力，为用户带来精准有效、符合自身偏好的信息内容，带领人们进入了智能化精准传播的 Web 3.0 时代。

全燕将算法传播定义为：以大数据为基础，经由智能媒体，依靠算法技术驱动的传播，它的传播对象、传播内容、传播方式、传播效果等均被纳入可计算的框架内，形成全新的传播模式。她将算法传播分为微目标传播、数据驱动传播以及参与式传播三种构建形态：其一，微目标传播采用精准营销策略，注重用户体验，满足用户个性化体验之需，以赢得用户良好认知印象为目标。其二，数据驱动传播，算法对数据流的控制空前集中，在大数据的支撑下，算法对大量用户行为数据进行分析以获得用户的可预测性并向其推荐感兴趣的内容，算法帮助平台将社会性转化为经济价值的开发，实现商业目标，加速了价值的提取。其三，参与式传播，在智能媒体时代，从前被动的受众已经转变为网络内容文化的积极生产者和使用者，他们是极度活跃的参与式传播的主体，其参与式传播行为主要有 3 种类型：用户生成内容（UGC），即用户直接在平台中生产内容，内容具有多种表达方式；用户生成行为（UGB），当用户进行网络交往活动时，会被捕捉记录下来生成有价值的行为数据，为内容生产提供方向与基础材料；用户分发内容（UDC），用户通过将内容与社会关系相结合的方式进行传播。

除此之外，聂智也谈到过类似的概念。他称算法为智能传播，是人工智能技术的"触角"延伸到信息传播领域的产物，它"以大数据为依托，将机器算法、数据挖掘、传感器等人工智能技术应用于信息的生产与传播，实现新闻生产的智能化与用户体验的个性化"。算法传播利用 Web 2.0、大数据、云计算、机器学习以及个性化推荐技术发展形成的综合成果，借助用户概念、在线个体或云个体等思维的突破，塑造了智能时代个性化的传播范式，带来了传播技术的范式革命[①]。同时，算法传播作为一种新型传播方式引发了一系列传播学传统意义上的变革，以往由大众媒介所充当的把关人角色、为大众规划议程的功能，转由算法实现，颠覆了传统的传播模式。而在云端再造与现实真实个体息息相关的数据个体，实现个人的信息化也是算法传播范式革命的显著成果。

▶▶ 二、算法传播领域的相关概念

（一）技术性术语

技术性术语即有关算法传播运作模式和运作过程中涉及的专业性概念，它对算法的技术架构有一定的解释，通常涉及计算机科学领域的内容知识。

---

① 聂智. 智能传播场域舆论引导探析 ［J］. 思想教育研究，2020（10）：71-75.

1. 算法推荐

算法推荐是指以计算机指令——"算法"编程技术解决信息如何实现个性化分发问题的一种机制。第一个算法推荐系统于 1994 年诞生在美国明尼苏达大学，GroupLens 研究组推出了自动化推荐系统 GroupLens，他们提出了协同过滤的重要技术；2009 年 12 月，谷歌进行个性化尝试，为用户定制搜索结果；2012 年"今日头条"运用算法技术对新闻内容进行自动分发，成为个性化新闻推荐的内容聚合平台，是我国媒体平台最早运用"算法推荐"技术的案例。智能算法推荐通过数据、算法与算力的复杂组合为信息供给与用户需求二者之间寻求最佳模式的个性化配比关系。

一般而言，一个完整的智能算法推荐系统主要包含信息数据系统、用户分析系统和信息分发系统。信息数据系统主要用来收集用户在互联网空间留下的海量数据信息；用户分析系统主要利用算法模型和收集到的数据信息，进行"用户画像"的刻画，分析用户的兴趣爱好以及个性化诉求，数据收集过程具有全覆盖、全流程、全时段的特性，故而刻画出的是一个动态的、实时的用户画像，用户分析内容也在不断更新之中；信息分发系统则是对信息进行筛选、过滤和推送，达到"千人千面"的效果，它居于核心地位，对算法推荐的运行效果起着至关重要的作用。简单来说，算法推荐的运行逻辑是依据广泛收集到的用户个人数据，结合用户浏览、点赞、评论、转发等互动行为挖掘分析用户喜好、总结用户画像，基于此筛选出信息数据库中与用户画像匹配度最高的信息内容推送给用户，从而实现信息与用户之间个性化的供需对接。

依据不同的划分标准，算法推荐主要包括：基于内容的算法推荐、协同过滤推荐、实时流行热度推荐以及混合算法推荐。具体来说，基于内容的算法推荐，通过自动收集用户网络行为数据，对其进行标签化处理生成用户专属关键词，进行用户与内容的强关联匹配推荐。协同过滤推荐，通过对用户社交圈层及行为数据的全景扫描，对用户进行分类聚合，连接特征类似的用户群体进行内容推荐。实时流行热度推荐，即向用户推送当下关注度较高的信息内容，浏览量、点击率、转发数是其重要衡量指标。在混合算法推荐中，单一的算法推荐模式难以应对复杂多变的信息场景，故而在实际的运用中，会对信息内容、用户关系及社会场景混合加权之后进行推荐。

2. 算法排序

算法排序是一个随着时间推移而展开的复杂过程，也是一个数字内容的中介或管理过程，全燕将算法排序定义为一个多方平台，用以协调不同参与者（从终端用户到广告商）之间的关系，这些关系具体表现为每次启动搜索时，参与者之间发生的复杂交互的集合。学者们关注算法排序时通常将其与对算法文化的批判结合起来：算法会反映和延续现实社会的分层结构，依靠算法自身强大的计算学习能力，与不同的分层结构对应的不同层级的文化区隔在算法中体现得更为明显，过滤、分层、推荐算法体现出鲜明的"排序文化"（Ranking Culture），由此，算法排序可以分为对内容的排序和对人、群体的排序两个方面。

对内容的排序具体表现为算法依据用户对信息内容的点击、评论、停留时长等反馈数据判定用户需求被满足的程度，这也成为算法定义"重要"信息的标准。被算法定义为"重要"的信息往往位列前端而获得大量的关注，未受到关注的信息则会位于尾端，沉没在海量的互联网信息之中。我们常见的两种主要的内容排序算法包括基于单项投票机制的内容排序算法和基于双向投票机制的内容排序算法：其一，基于单项投票机制的内容排序算法高度依赖用户对内容的态度和行为体现，它排除时间和传播者因素，所考量的因素与热度密切相关，热度往往通过点赞数、浏览量、转发数来展现；其二，基于双向投票机制的内容排序算法将"赞同"和"反对"同时加入到算法之中，给了用户更多的权利，同时加入传播者的因素，赋予平台中"意见领袖"更高的权重，故而，一篇内容的排序综合为在"意见领袖"的权重加持下获得的赞同数和反对数的差值。

从算法对人与群体的排序来看，20世纪社会学家布尔迪厄曾指出：品位是对分配的实际控制，它使人们有可能感觉或直觉一个在社会空间中占据某一特定位置的个体可能（或不可能）邂逅什么，从而适合什么……引导着社会空间中特定位置的占有者走向适合其特性的社会地位。[1] 人们在日常生活中所表现出的不同兴趣与偏好定位了个人在社会空间中的分层位置，而有关人的兴趣、偏好、品位等信息转化为数据被平台算法收集提取并做出处理，由此，算法实现对人的排序，这也引发了学界对算法偏见和算法歧视的讨论。而以往由地缘、趣缘等主动聚集起来的群体，也在算法的介入下将这种主动连接的权利在不知不觉之中让渡给了出去，群体在算法精确的、复杂的且带着社会现实印记的"计算"中形成了具有高低层级的群体。

3. 算法黑箱

黑箱理论源于控制论，指不分析系统内部结构，仅从输入端和输出端分析系统规律的理论方法。这里的"黑箱"是一种隐喻，指的是"为人所不知的，那些既不能打开、又不能从外部直接观察其内部状态的系统"。黑箱往往呈现"双黑箱"的形态，包括"保密黑箱"和"技术黑箱"："保密黑箱"是指因为事关国家安全，所以系统内部不被人了解的状态；"技术黑箱"对应我们所说的"算法黑箱"，特指作为知识的人工制造

---

[1]　BOURDIEU P. Distinction：A Social Critique of the Judgement of Taste［M］. Harvard University Press, 1984：466－467.

品，即因为机器学习技术的复杂性，普通人无法理解系统内部如何处理数据并输出结果的过程。

根据机器学习的程度，算法黑箱呈现三种形态：在监督式机器学习中，算法的数据结构类型及运作模式由人为事先确定好，在使用过程中出现的偏差也会及时得到人为修正，输入端和输出端，甚至是运算过程的部分内容都是已知信息，大部分内容被人们预先知晓，算法黑箱呈现初级形态；让算法黑箱处于中间形态的半监督式机器学习通常只有输出端是为人知晓的，输入端依靠大数据和机器学习，自动抓取数据，进行数据挖掘，这一过程无人为干涉，故而其黑箱指的是位于输出端之前无法观察到的算法流程；而第三种无监督式的机器学习让算法黑箱发展为进阶形态，也可以称之为最终形态，其整个过程都没有人为干预，在输入端算法对数据进行自动挖掘与收集，在输出端算法凭借技术提供的高级认知学习能力自动修缮程序内容，不断对算法模型进行完善，从而形成从输入端到输出端的一个自循环的闭环结构，黑箱由此成为完全形态。

算法黑箱难以被打开的原因，可以从以下几个方面来看：首先，对于运用算法的企业来说，为保证其自身利益，涉及商业秘密的算法内容是被拒绝向公众展示的，虽然随着近几年算法解释权的提出，要求企业保持一定的算法透明，但对于涉及核心的内容依旧持有保持隐秘的权利。其次，算法具有天然的不透明性，算法涉及高等数学、编程语言等专业性知识，非专业的人无法理解这些内容，故而对于公众来说，算法的决策过程具有高度的模糊性。加之算法本身极强的学习能力，随着数据资源持续不断地输入，算法模型时刻处在更新之中，即使是专业人员也很难彻底理解其逻辑思维。最后，算法黑箱的问题被学者们频频提出，但确实可行的应对方法却寥寥无几，法律界所提出的算法解释权目前也仅是以条例的形式存在且并未有明确的实施步骤，故而对算法黑箱的管控机制依然不够完善，这也容易让追求利益最大化的投机者在算法黑箱的保护下侵犯公共利益以牟取暴利。

4. 透明度

透明度往往与信息分享、信息披露、信息交换等词义相关，被广泛地界定为相关主体间信息的公开程度。在智媒时代背景下，算法透明成为算法规制领域的一个原则性提议，它是指阐明那些与算法有关的信息可以被公开的机制，与算法有关的信息包括算法利用的各类数据或非数据信息、算法内部结构、算法自动化决策的原理、算法与其他社会诸要素之间的互动和这些互动对算法本身的重塑以及算法相关信息公开过程所涉及的信息等；而"机制"主要指保障算法相关信息公开的理念化和程序化的操作①。

算法透明披露的内容可以从两个角度来看：其一，在算法运作流程视角下的算法透明披露内容包括数据、模型、决策三个层面，这三个层面的内容公开可以用于检查影响算法系统公平性的数据和算法偏差、核查数据输入的相关性和代表性、从机器分析中寻找有意义的关联、寻找并修复算法系统缺陷、警惕恶意和对抗式数据输入实现算法透明的通用目标；其二，对于算法系统视角下的算法透明披露内容主要包括目标透明、结果透明、影响透明及算法模型合规性透明，用以检视算法系统中的价值偏差、发现算法决策中侵害隐私权及其他主体权利行为、监督机构更好地履行平台主体责任和社会责任等，实现算法透明的可解释性和可问责性，实现算法透明的关键目标。

2017年美国计算机协会（Association for Computing Machinery，简称ACM）公布的算法治理七项原则（表1-1）明确了有关算法各个主体所要承担的责任以及有关算法透明的披露对象与事后规制。

表1-1　美国计算机协会（ACM）算法治理七项原则

序号	原则	基本内容
1	知情原则	算法所有者、设计者、操控者以及其他利益相关者，应该披露算法设计、执行、使用过程中可能存在的偏见和可能造成的潜在危害
2	访问和救济原则	监管部门应该鼓励落实相关机制，确保受到算法决策负面影响的个人或组织，享有对算法进行质询并得到救济的权利
3	可问责原则	即使使用算法的机构无法解释算法为何会产生相应结果，它们也应对算法决策结果负责
4	解释原则	鼓励使用算法的机构解释算法运行步骤以及具体决策结果
5	数据来源处理原则	算法设计者应该说明训练数据的采集方法以及数据收集过程中可能引入的偏见；对数据的公共监督最有利于校正数据错误；出于隐私保护、商业秘密保护、避免算法披露后的恶性博弈等事由，可以只对合格的、获得授权的个人进行选择性披露
6	可审计原则	模型、算法、数据和决策结果应有明确记录，以便必要时接受监管部门或第三方机构审计
7	检验和测试原则	使用算法的机构应该采取有效措施来检验算法模型，并记录检验方法和检验结果；使用算法的机构尤其应该定期采取测试，来审计和决定算法模型是否将会导致歧视性后果，并公布测试结果

① 陈昌凤，张梦. 智能时代的媒介伦理：算法透明度的可行性及其路径分析［J］. 新闻与写作，2020（08）：75-83.

5. 可解释性

在主流的学理认知中，"可解释性"依赖于"解释"的概念，而"解释"是指人类与（机器）决策者之间的一个交互面，既能满足决策者的精准代理，又能被人类理解，可解释性便具有此种解释能力。米卡尔斯基（Michalski）将"可理解性"定义为："计算机归纳的结果应是指定实体的符号表述，在语义与结构上与人类专家观察类似实体所可能得出的结果类似。计算机的此种描述应作为单一的'信息块'被理解，可以用自然语言直接阐释，并应以综合的方式将定性和定量概念联系起来。"即计算机所用的代码变量可与实体世界的实体相对应，故而其计算结果也能与实体实现精确的对应。此中的定性表示尽可能通过自然语言，以规范性文件、可多次重复利用的标准表达出算法分析与决策过程的实质；而定量在于将具体评价参数标准化，即算法的主观恶性反映在哪些具体的技术指标上，以看出算法指标中所含的价值偏向。

算法被认为是一种权力，这种权力通常集中体现在算法决策上。由于其决策过程是多方参与主体博弈的结果，当数据主体，即算法决策的对象的个人利益受到侵害时，我们需要对算法进行透明公开并做出解释，它包括两个阶段：第一阶段为算法模型的建模阶段，第二阶段则是将算法模型运用于个人主体形成自动化决策的阶段。第一阶段的可解释性要求体现在三个方面：其一，将解释需求在算法模型建立的初始阶段便考虑进去，在算法设计中提前为算法解释预留接口或直接采用自解释的算法设计；其二，保证算法模型的合规性，在算法模型完成时，其可解释性以及可解释程度也已经确定完成，算法模型设计需要符合法律规范并且能被监管者有效知悉；其三，在算法模型运用的模拟阶段，明晰影响结果的参数内容，提前向算法决策的对象展示可能造成的算法决策结果。在第二阶段，我们主要采取事后解释的方法，即当算法决策对个人的权益造成伤害时，算法决策对象有权向算法使用者及设计者提出异议，并要求提供有关具体决策的解释，要求更正错误并进行救济。

6. 算法新闻

算法新闻又称机器人新闻、数据驱动新闻、自动化新闻、计算新闻，是通过计算机算法工具，进行自动新闻生产、推送并实现商业化运营的系统，具体包括新闻写作、编辑、算法推荐机制和平台聚合分发机制及营销等业务的自动化新闻生产流程。算法新闻是与大数据直接关联性最高的新闻，被称为"新闻业的计算探索"，它以算法软件的引领性、数据资源的基础性、智能操作的自主性为特征，其创新本质是新闻传播业在算法工具和大数据环境下的流程再造和盈利模式重构。

马歇尔·麦克卢汉（Marshall Mcluhan）在 20 世纪 60 年代提出的"电子冲浪""电子时代的人事信息采集人"等具有前瞻性的观点，是传播意义上"算法新闻"的最初想象。2006 年，英国路透社用算法为网站分类编辑新闻，这一年被称为算法新闻元年①。现今算法新闻已经成为全世界范围新闻媒介的发展趋势。在中国，腾讯公司、今日头条、新华社分别开发出了 Dream-writer、张小明、快笔小新等智能机器人并投入使用。在国外，《华盛顿邮报》研发的 Truth Teller 智能算法，可自动抓取、编辑时政新闻；美国两大顶尖算法公司自动化透视（Automatic Insights）和叙述科学（Narrative Science）联合开发自动生成市场营销新闻的算法已经被很多美国新闻网站采用；《洛杉矶时报》记者肯·史文克（Ken Schwencke）研发的智能机器人夸克（Quakebot）成为地震报道智能化的开端。

新闻生产的算法程序被工程师设计完成并植入到新闻生产的过程中，新闻信息的采集、内容分析、撰写、编辑等一系列新闻生产工作均可由算法程序自动完成。对于具体的新闻内容生产来说，算法通过爬虫技术收集网络信息并加以分析生成关键词，语义网将关键词连接起来，为新闻内容生产提供了基础：一方面，语义网为新闻生产提供了方向，用户关键词被语义网聚合起来，形成一张囊括用户所有特性的网络，算法根据不同用户的关键词聚合网络，制定不同的策略，它既可以推测出社会实时的热点话题，也可以根据不同领域或特征的关键词实施分众化的新闻生产，提高了预测性和前瞻性；另一方面，语义网为新闻生产提供素材。自 Web 2.0 时代开始，活跃的专业机构、自媒体会就同一件事情提供不同的视角，算法根据对事件不同层面的数据进行语义概括并生成关键词组，通过语义网勾连的关键词组能够协助勾勒出细节更加丰满的内容素材。由此，算法把受众最感兴趣和最需要的新闻元素聚集于一个平台进行分类整合，并加以结构化，算法推荐机制和平台聚合分发机制对用户需求具有强大的穿透力，产生了新的新闻生产和传播模式，对传统新闻生态系统进行着多方位的重塑。

（二）综合性术语

算法传播带来了有关社会性的思考，综合性术语考虑算法传播与社会各方面的有机融合带来的社会影响和人们需要面对的问题，这些术语通常包含着一定的价值判断。

1. 信息茧房、回声室效应和过滤气泡

尼古拉斯·尼葛洛庞蒂（Nicholas Negroponte）预言的"我的日报"（The Daily Me）已经成为现实，而作为隐忧的"信息茧房"比喻也逐渐被人熟知。凯斯·桑斯坦（Cass Sunstein）在《信息乌托邦》一书中最早提出信息茧房（Information Cocoons）的概念，指在信息传播过程中，由于公众的信息需求并非是全方位的，所以他们只会注意自己主

---

① 王仕勇，樊文波. 向善向上：基于良性互动的算法新闻治理伦理研究［J］. 重庆大学学报（社会科学版），2021，27（02）：225－236.

动选择的内容和能给自己带来愉悦的信息，久而久之就将自身桎梏于像蚕茧一般的"茧房"之中。与之密切相关的另一概念是桑斯坦在《网络共和国：网络社会中的民主问题》一书中提出的"回声室效应"（Echo Chamber Effect），也被称为"同温层效应"，指在一个相对封闭的环境中，一些意见相近的声音不断重复，并以夸张或其他扭曲形式重复，令处于相对封闭环境中的大多数人认为这些扭曲的故事就是事实的全部。桑斯坦之后还在其系列三部曲中扩展了"信息茧房"对民主带来危险的相关阐述。桑斯坦认为，由于网络社区超越了物理和地理学的限制，因此出现了完全与志同道合的人保持联系的新机会，它还提供了避免一切不感兴趣的人和事的机会，如果人倾听的只是与自己相像的观点，可能会变得更加极端和自信，有可能对公共协商造成破坏，威胁西方民主社会的理想模型。

除了桑斯坦之外，伊莱·帕里泽（Eli Pariser）在《过滤气泡：互联网没有告诉你的事》一书中对互联网带来的"过滤气泡"现象进行系统阐释，它更为直接地强调了信息过滤对用户的影响，他发现两个人使用同一关键词在同一个搜索引擎上检索到的内容居然可能完全不同。新一代互联网过滤器具有记录功能，并根据所记录的浏览痕迹建立一种不断完善的预测机制，推测网络使用者的好恶。搜索引擎可以根据用户的信息偏好为用户进行个性化的信息匹配，按照信息搜索最大相关性进行呈现，自动过滤掉用户可能不喜欢的异质性信息，进而让用户分别沉浸在一个个缺乏多元观点交流的网络气泡之中。

信息茧房、回声室效应和过滤气泡作为描述因信息偏食而导致信息窄化现象的三个重要理论，都承认导致该现象的主要成因是以信息效率作为优先的算法推荐机制，它由用户的选择性接触心理机制与社交媒介环境的内外因素共同造成。但是，三者的侧重点也有所不同：信息茧房侧重于个体的信息获取行为，具有明显的个人偏向性；回声室效应侧重于群体或系统的意见"聚合"及观点强化，与群体理论密不可分；而过滤气泡则侧重于算法技术导致的信息"过滤"，强调信息环境层面的同质性。彭兰也认为，回声室效应不完全等于信息茧房，这个概念更多地强调群体或系统的封闭。这不仅仅源于信息视野的狭窄，也源于群体互动，但它和信息茧房有着相似的心理机制①。

2. 算法的价值非中立性

人们普遍认为技术本身是无意识的，不具有能动性，故而技术是中立的，算法技术也是如此。但当算法用于平台的具体实践时，涉及多方利益主体，算法原本的价值中立便不复存在。算法的价值非中立性主要体现在算法偏见和算法歧视两个方面。对于算法

---

① 彭兰. 导致信息茧房的多重因素及"破茧"路径［J］. 新闻界，2020（01）：30－38.

偏见的定义目前并没有统一的说法，陈洪兵将其概括为：作为人工智能系统核心的算法在"机器学习"的过程中，由于初始算法、样本数据、歧视模仿或者其他原因所形成的思维处理惯性，进而导致人工智能系统在真实运行的过程中出现有偏向性的举措或选择①。算法歧视指的是人工智能算法在收集、分类、生成和解释数据时产生的偏见与歧视。

我们可以从以下几个方面来看形成算法偏见的原因：首先，从数据上来看，一方面数据的客观性仅仅体现在记录方面，它将人类社会存在的价值观念、偏见看法都一五一十地记录了下来，这也正好印证了《自然》杂志于 2016 年在一篇社论中提出的"BIBO"定律——"bias in，bias out"，即当你输入的数据中隐含偏见时，那么你输出的算法结果必然也是隐含偏见的。另一方面，由于互联网的覆盖率并不是 100%，对于未接入的少数群体来说，他们不具备成为"数据人"的机会，这会造成我们对客观世界的认知偏见并且导致这部分群体在算法世界中的边缘化及沉寂。其次，从算法模型来看，算法专家凯西·奥尼尔（Cathy O'Neil）认为算法模型具有天生缺陷：算法模型的本质就是简化，它消除了存在于事物或行为中的细微差别，将它们简化为可以计算的数据或公式。在这个过程中，简化行为是由人来完成的，一方面，完成效果依赖于人对于事物的认知，也不可避免地受限于人的认知；另一方面，在这个过程中也可能有意加入设计者的某种价值立场或意识形态倾向，这样一来这些替代人类真实行为的间接变量便无法真实准确地反映人的行为，传播出去的偏见也会反过来影响人类本身。再次，从算法学习过程来看，机器学习大致可分为有监督学习和无监督学习：在有监督的学习中，人为的操作会被当作规范和标准被算法用来学习，人的价值观偏向便自然地嵌入其中；而对于无监督学习，在算法模型设计之初便已植入相关的价值倾向。

我们可以将算法歧视看作"算法 + 歧视"，即这种歧视并不是算法创造出来的，而是从人类社会移植过去的，算法拓展了歧视的产生方式和存在空间。我们依然可以将其理解为一种不合理的区别对待，即"在某一特定群体或类别中，基于成员的身份而对其施以不合理的待遇"，或"不同的规则适用于类似的情况，或同一规则适用于不同的情况"。算法歧视在现实社会中主要表现为消费歧视、就业歧视、信用歧视、年龄歧视、性别歧视、种族歧视等，其出现的原因有以下几种可能：其一，在算法系统中，算法将所有数据划分为互相排斥的类别并进行排序，这个行为本身便具有歧视性；其二，算法所抓取的数据本身并不一定是客观公正的，加之算法设计者会根据需求对不同因素分配

---

① 陈洪兵，陈禹衡. 刑法领域的新挑战：人工智能的算法偏见 [J]. 广西大学学报（哲学社会科学版），2019，41（05）：85 - 93.

不同的权重，这就容易导致生成的决策具有歧视性；其三，是由于算法技术本身不够完善而导致的具有歧视性结果的出现。

算法歧视具有四个特征：首先，算法歧视具有结构性特征，指机器学习历史数据将其植入到算法模型中，由其自动生成的决策延续了历史数据中的偏见；其次，算法歧视具有隐蔽性且难以预测，由于"算法黑箱"的存在，人们早已在不知不觉中被打上标签，进行分组，算法歧视的表现形式更不容易被人们发觉和理解；再次，算法歧视具有高度单体性。德国学者克里斯多夫·库克里克（Christoph Kucklick）将现代大数据算法统治的社会称为"微粒社会"，微粒社会的典型特点是借助算法对人和事物进行高度的解析、评价和预测，由此具有主体性的个人被算法肢解为由各种分散的数据碎片拼凑而成的单体；最后，算法歧视具有高度系统连锁性，算法强大的运算能力能够发现、揭示隐藏在海量数据间信息的相关性，这就意味着，一旦个体被算法模型判断为来自某个阶层的成员而被标记，其在某个场景中的数字化形象便会被保留下来并被当作训练数据输入新的算法模型，从而延续了之前的歧视，引发系统性歧视连锁反应。

3. 内容农场和功利主义危机

算法正义的伦理基础是功利主义伦理和目的论伦理，合逻辑性和效益最大化是算法正义的最大特点，在算法运作过程中，甚至为了追求大多数人的利益而牺牲少数人的正当权益被认定是正义的，它无视现实世界的运行规则和人类社会的道德伦理，一味追求算法运行的逻辑自洽和效果最优，从而引发了算法世界的伦理危机，即功利主义危机。内容农场的生产模式便是遵循了这种逻辑。理查德·罗森布拉特（Richard Rosenblatt）于2006年成立了 Demand Media，该公司根据其发明的一套算法评估每天的网络热点话题进行内容生产，其内容种类齐全，但内容质量低，主要通过用户点击浏览换取广告收入，这种生产模式被称为内容农场模式，它的两个关键词是"按点击量生产"和"低质量速成"，故而被称为"网络媒体中增长最快的内容农场"，也被讽刺为"文化垃圾场"。其内含逻辑与算法正义的效益最大化相吻合，展示为传播领域的功利主义危机。

功利主义危机下内容农场的嬗变延续至今，智能算法技术极大地提高了内容农场的生产速率，经营者往往使用算法技术自动筛选热点进行批量的内容生产，不注重内容的真实性与质量，常常造成虚假信息、垃圾信息在网络中的扩散。在现今热门的如抖音、哔哩哔哩等视频平台中，广告主往往会主动选择粉丝基数大、内容引流多的用户，粉丝与流量则成为平台用户的共同追求，他们将召回率和用户留存作为自身目标以获取相应的流量分红以及广告分红。由此，在内容生产的过程中则会以满足用户需求为导向，采取"用户选择即生产"的方式，其内容生产的选题、类型和风格逐渐系统化，内容生产活动越发标准化和职业化。

4. 算法传播语境下的数字劳工

广义的"数字劳工"是指从事数字媒介操作和内容的生产、流通与使用过程中所涉及的脑力与体力劳动人员。狭义的"数字劳工"是指数字媒体和社交媒体领域内的用户，用户每天发朋友圈、发微博、看视频等活动都被看作在平台从事数字劳动。传播政治经济学奠基人达拉斯·司麦斯（Dallas Walker Smythe）提出"受众劳动"的概念，是可以追溯到的最早的数字劳工思想。这一学派的理论家意识到，"受众劳动"是一种生产剩余价值的生产性劳动，受众在进行消费的同时进行生产，他们将受众活动纳入社会生产的过程之中，区分了两种信息生产，即有意识的信息生产和无意识的信息生产。

国内学者总结数字劳工从事的数字劳动主要有四种具体形式：第一种为互联网产业专业劳动，包括软件编程以及互联网产业公司的从业人员；第二种为无酬的数字劳动，在传受主体界限日益消弭、趋于融合的当下，用户常常成为内容生产者，但获得的报酬却寥寥无几，同时社交媒体上的用户活动也是无酬数字劳工的一种；第三种和第四种为受众劳动和玩工劳动，受众通过观看视频、音频等内容完成劳动，而玩工则通过玩电子游戏完成玩乐劳动，二者通过贡献自身的注意力的方法，为平台增加了流量，实现了自身的劳动。

在算法传播语境下，用户与内容生产者是两大主要的数字劳工。一方面，在算法推荐的作用下，用户的注意力被极大地绑定在手机屏幕前，在资本逐利性的驱动下，广大用户的碎片时间被用于为平台打工；另一方面，内容生产与内容货币化紧密相关，在用户有限的注意力中，真正被纳入平台算法分发的仅仅是适应注意力经济的少量内容。众多内容生产者会被平台基于其生产内容的"货币化能力"和"吸引用户能力"两个指标进行筛选，经历初步筛选后，网络平台便开始利用算法指标对内容生产新手进行规训：内容数量、满意度、原创度、活跃度、垂直度、互动度以及被平台推荐的频次是其等级的评判标准，只有达到一定的平台积分或者等级才能转正并获得分成。哔哩哔哩"套路诊疗室"拍摄的短视频《"恕我直言，MCN 都是骗子！"4 分钟视频揭露 MCN 的套路》生动地描述了内容生产者在非营利 MCN 机构中的生产关系和生存状态。资本生产过程开始跳出工厂围墙，不断渗透到家庭和社会等人类日常生活的场所之中，完成网民时间的殖民化与社会空间的工厂化。

5. 算法权力

算法权力是一项人工智能技术平台控制者凭借自身算法优势而在人工智能应用过程中产生的技术权力，其强制力在于随着全社会对算法应用依赖程度的加深，算法因此完成对特定对象的控制①。算法权力具有区别于传统意义上权力的特点：一是弥散性，即人人都可能是算法权力的主体，也可能是算法权力的行使对象；二是隐蔽性，算法权力的行使往往隐藏在数据和计算机代码之后，其"黑箱"的特性让权力的使用隐藏在公众视野之中；三是非均衡性，即不同的主体所分配到的算法权力是不均衡的。

算法权力源于算法与人、资源、技术、资本和政治力量等多方面因素的紧密结合。具体来看，首先，在高度数字化的今天，数据资源成为人类生产重要的新型生产要素，用户为了获得平台应用程序（APP）的使用权一般都会点击同意其设置的"个人隐私协议"，在使用中为了获得更多的相关服务便会同意平台对位置、场景等更精细的信息进行获取，而这些信息常常与第三方或合作伙伴进行共享。于此，用户既是权力的赋予者，也是权力的服从者。其次，算法技术的不断进步与算法架构的不断优化，支撑算法技术能够更好地运用数据库，进行更为深度的学习，获得更大的社会支配权力。再次，算法的发展离不开私人资本的注入，算法技术的研发与运用需要大量的物力资源和人力资源做支撑，基于商业逻辑对经济利益的追求则更能体现算法主体的支配力。最后，在"政治＋互联网"的背景下，许多公共事务在引进算法技术后得到更科学、合理和高效的解决，算法技术和公权力相结合，使得算法技术也具有了一定的权力属性。

算法权力表现主要体现在政治和经济两个领域。美国著名政治学家和技术哲学家兰登·温纳（Langdon Winner）表示，"技术本质上是政治性的，不可避免地与制度化的权力和权威模式相联系"。在政治领域中，一方面算法与政治相结合，被引入到决策之中，政府通过算法技术辅助或替代自身做出决策以提高行政效率，在这个层面上算法权力实现了社会资源的配置；另一方面则体现在对大众的规训上，个人数据的让渡意味着隐私的让渡，海量的数据也因此构成对人们的"数据监控"。波斯特在福柯的"全景监狱"概念的基础上指出，在后现代语境中数据库的权力技术统治模式消解了私人空间与公共空间的界限，实现了对人的全面地、无时无刻地监视和规训，即"超级全景监狱"。每个人被审查得更加准确、更加彻底。依托于这样的机制，人的认知习惯、行为方式以及对世界的看法在不知不觉中受到影响与约束，规训在潜移默化中发生。

在经济领域中，资本作为一个经济概念，本质上是一种社会关系，在现象上表现为一定数量的经济财富，社会主体可以凭借其拥有的经济财富对其他社会主体发挥支配性影响。算法技术的研发与应用离不开资本的支持，这也赋予其相应的算法权力。资本拥

---

① 温昱. 算法权利的本质与出路：基于算法权利与个人信息权的理论分疏与功能暗合［J］. 华中科技大学学报（社会科学版），2022，36（01）：54－63.

有者凭借着私人资本、平台技术优势以及排他的平台资源，形成他在市场经济中独占性的支配地位，成为平台巨头：一方面，这些平台巨头为了获得更多的可持续的利益会进行一些垄断性的操作，如不断兼并和收购其他小型科技公司，稳固其占据规模经济；另一方面，这些平台巨头会凭借自身垄断地位对使用者发挥"支配性"影响，将一些条件和要求强加到使用者的身上。

6. 算法素养

算法素养即为公众所具备的认识、评判、运用算法的态度、能力与规范。莱恩·马斯特曼（Len Masterman）指出：在媒介教育中，最主要的目的不在于评价好坏，不在于给学生们具体的评价标准，而在于增加学生对媒介的理解——媒介是如何运作的，如何组织的，它们如何生产意义，如何再现"现实"，接受与媒介共存的事实，将受众视为积极的媒介使用主体，通过媒介素养教育帮助他们认识媒介运作机制，提高利用媒介的能力[①]。莱恩·马斯特曼对于媒介素养的理解对于我们理解算法素养是一个很好的参照。

彭兰认为培养算法素养有两大基本面向，那就是算法社会所需要的思维培养和风险教育：思维培养包括计算思维和数据思维，计算思维即通过约简、嵌入、转化和仿真等方法，把一个困难的问题阐释为如何求解它的思维方法；数据思维即用数据来描述、解释客观或主观对象、关系以及过程等。算法即是如此，将特定对象转化为数据形式进行体现并输入，通过模型计算得出问题结果。培养计算思维和数据思维有助于人们更好地理解算法的运作过程，有助于打开"算法黑箱"。而风险教育则主要包括两个方面：一方面主要表现为人们对算法所带来的隐私安全问题的认知；另一方面则是对算法对人的控制与"囚禁"的认知，具体表现为知悉算法推荐机制对人们选择、认知和决策的影响，防范消费方面的"大数据杀熟"现象，警惕算法通过标签将个人囚禁于固定的社会位置以及算法对社会劳动的异化与对数字劳工的裹挟。

对于算法传播中算法推荐机制所带来的视野窄化问题，人们需要提升自身的反制能力，一方面增强对信息的甄别能力，主动关注转发主流、高质量的内容，有意识地改写数字画像，优化算法推荐的路径和信息品类；另一方面，借助不感兴趣、取消关注、忽略推荐、关闭屏蔽等主动行为，向算法表达"不喜欢""不感兴趣"，避免不良信息干扰，帮助自身跳出由算法推荐构成的"信息茧房"的牢笼。人们需要客观理性地看待算法，了解算法权力的实质及其背后的利益关系，了解算法所带来的风险并养成批判意识。

---

① 彭兰. 如何实现"与算法共存"：算法社会中的算法素养及其两大面向 [J]. 探索与争鸣，2021（03）：13 – 15.

▶▶ 小 结

　　本节先对算法传播本身涉及的关键概念做出界定，进而从技术和与社会融合层面对算法传播领域一系列概念体系进行辨析：技术性术语解释了算法传播的基本构造和运作原理，而综合性术语主要分析了算法传播在社会层面的延伸内容。概念是理论的基石，是所有理论建立的首要条件。我们通过对有关概念的溯源、梳理，内涵与外延的辨析，概念应用的总结，从中探索算法传播理论研究的底层架构，为算法传播研究的规范性和深度拓展提供了重要的知识与依据。算法技术还在持续发展，算法重组的传播格局在未来具有无限发展的可能性，算法传播将会结合更多不同的学科领域进行理论内容的补充与研究方法的完善。随着理论研究的深入和算法传播实践的拓展，算法文化、认知神经传播学、深度媒介化社会等新的融合性概念会不断出现，同时也会引发已有的社会性思考发展出自身新的形态与展示方式。在后续的内容中，我们会结合跨学科视角详细讲述有关算法传播研究的理论与方法论基础，分析中外算法传播研究差异，并重点关注新闻传播领域中算法传播的社会性议题。

【思考题】

（1）什么是算法传播？

（2）算法推荐的基本运作流程是什么？

（3）算法黑箱的成因包括哪些方面？

（4）什么是算法新闻？它的生产流程是什么？

（5）你认为信息茧房效应会真正出现吗？

（6）算法偏见的形成原因是什么？

（7）怎么看待"算法即权力"？

（8）什么是算法素养？如何培养算法素养？

【推荐阅读书目】

[1]《过滤泡：互联网对我们的隐秘操纵》，伊莱·帕里泽著，方师师、杨媛译，中国人民大学出版社，2020年版.

[2]《信息乌托邦：众人如何生产知识》，凯斯·桑斯坦著，毕竟悦译，法律出版

社，2008 年版.

[3]《算法霸权》，凯西·奥尼尔著，马青玲译，中信出版社，2018 年版.

[4]《网络共和国：网络社会中的民主问题》，凯斯·桑斯坦著，黄维明译，上海人民出版社，2003 年版.

[5]《算法时代》，卢克·多梅尔著，胡小锐、钟毅译，中信出版社，2016 年版.

参考文献

[1]赵建波.智能算法推荐视域下思想政治教育的问题研判与应对策略[J].思想教育研究,2019(12):19－24.

[2]SCHILDT H. Big data and organizational design-the brave new world of algorithmic management and computer augmented transparency[J]. Innovation，2017，19(1)：23－30.

[3]孙萍,刘瑞生.算法革命：传播空间与话语关系的重构[J].社会科学战线,2018(10):183－190.

[4]毛湛文,张世超.论算法文化研究的三种向度[J].现代传播（中国传媒大学学报）,2022,44(04):72－81.

[5]聂智.智能传播场域舆论引导探析[J].思想教育研究,2020(10):71－75.

[6]BOURDIEU P. Distinction：A Social Critique of the Judgement of Taste[M]. Cambridge：Harvard University Press,1984:466－467.

[7]陈昌凤,张梦.智能时代的媒介伦理:算法透明度的可行性及其路径分析[J].新闻与写作,2020(08):75－83.

[8]王仕勇,樊文波.向善向上:基于良性互动的算法新闻治理伦理研究[J].重庆大学学报（社会科学版）,2021,27(02):225－236.

[9]彭兰.导致信息茧房的多重因素及"破茧"路径[J].新闻界,2020(01):30－38.

[10]陈洪兵,陈禹衡.刑法领域的新挑战：人工智能的算法偏见[J].广西大学学报（哲学社会科学版）,2019,41(05):85－93.

[11]温昱.算法权利的本质与出路——基于算法权利与个人信息权的理论分疏与功能暗合[J].华中科技大学学报（社会科学版）,2022,36(01):54－63.

[12]彭兰.如何实现"与算法共存"：算法社会中的算法素养及其两大面向[J].探索与争鸣,2021(03):13－15.

第二讲

算法传播研究的理论基础

算法在改写传播领域现实状况的同时，也在重新构建起一套全新的传播规则，同时让参与的每一个个体以这种方式重新审视、体验乃至创造这种全新的传播。算法传播是一个全新的传播形态，其相关研究在 Web 3.0 时代中具有重要的价值，需要有广博的知识基础和各个学科的理论支撑。本讲将从传播学、计算机科学、社会学和认知心理学这四个学科出发，梳理国内外算法传播的研究理论基础，为未来该领域的研究提供新的启示。

目前国内算法传播的研究理论主要是用来分析算法权力、算法伦理、算法风险等内容。算法的崛起极大丰富和改变了传媒领域的内容、渠道和规则，国内学者利用传播学理论，如把关人、议程设置理论，探讨了今日头条等内容聚合型平台对新闻生产的影响。算法技术的广泛运用带来了平台垄断和商业资本的扩张，容易对社会共识和国家利益造成潜在威胁，基于此，国内学者将算法放在批判性的学术话语中进行分析，通过传播学中的法兰克福学派、文化研究学派以及政治经济学派所提出的批判理论，揭示了短视频工业带来的虚假需求、外卖平台对剩余价值的剥削等问题。算法传播本身所带来的社会资源和权力关系还会对社会结构产生影响，比如算法分发下场景化的外卖服务和打车服务，这些生活需求改变了人们的消费习惯，重建了消费市场秩序，国内学者通常会借助社会学的行动者网络理论、结构化理论等来分析社会结构的变革。算法作为传播的基础设施和底层逻辑，已成为人的新技术伴侣，嵌入并影响着人类的认知思维，比如算法推荐机制会根据人的认知基模来推送信息，影响人们的价值观。国内学者认为，以研究心智活动为主要内容的认知心理学拓展了算法传播学研究的视阈，符号系统假说、认知基模理论等都能有效地解释网络社会中人们的信息行为。

国外算法传播的研究理论可以从传播学理论和社会学理论进行梳理。从传播学理论来看，可以总结为三个方向：第一，算法权力研究的批判理论。英国文化研究专家斯科特·拉什（Soott lach）利用霸权理论分析算法权力；大卫·比尔（David Beer）通过"后霸权主义权力"，探讨了算法运作下的技术无意识问题；也有部分学者从政治经济学的批判理论角度，理解算法与商业、组织、政府行为的关系。第二，算法传播的效果理论。沃斯（Vos）指出，搜索引擎就是新闻看门人，社交媒体网站和搜索引擎控制着他们的算法以及传播的新闻。迈克尔·A·比姆（Michael A. Beam）发现，算法推荐根据用户偏好选择性过滤信息的能力，让读者更容易忽略与他们态度、观点相反的内容，从而削弱了传统守门人对信息编辑的控制。第三，算法传播中的受众研究理论。比如，米加斯基（Mizgajski）和莫利瑞（Morzy）从受众对新闻的选择性接触出发，探讨了情绪如何影响人类的行为和选择的问题，提出将人类情感融入到新闻个性化推荐中。从社会学理论来看，布尔迪厄提出的理论则比较常用，通常用来分析算法对社会关系结构的变革。比如，乌蒂·伦达尔（Outi Lundahl）借助布尔迪厄的元资本理论，解释了数字中介机构所拥有的元资本是通过将世界的表征合法化，来让人们形成习惯的。

综上所述，国内外算法传播的理论研究比较相似，但会基于国情来调整理论研究方向。

此外，只有结合其他学科领域的理论研究算法传播，才能更加学理化、科学化、系统化地回答该领域中的各种问题，并有助于我们发现算法的新原理和新规律。

▶▶ 一、传播学理论

（一）控制研究

1. 把关人理论

当代传播学在大数据技术推动下，正逐渐走向智能化研究，算法时代出现新的把关模式，成为国内外学者的研究重点。面对网络中每日生成的数以亿计的内容，包括用户生产内容（UGC）、专业生产内容（PGC）及机器生产内容（MGC），记者、编辑或平台的内容审核员无法高效率、高质量地进行把关，人工把关模式的弊端日益显露。随着智能技术的发展，算法把关逐渐成为一种主流形态，新闻把关的过程由人工和算法机器共同承担，使得平台的内容分发、审核、推送更加高效。针对上述现象，国内外研究者从传统"把关人"理论入手探讨算法对新闻生产过程产生的变革及影响。把关人理论是库尔特·卢因在1947年首次提出的，1950年怀特正式将这一概念引进新闻研究领域。把关人，即是在新闻媒介系统中处于决断性位置，对信息进行加工和过滤的人。

在一个媒体和代码无处不在的社会，权力越来越存在于算法之中。史安斌通过观察脸谱网进军新闻业所构建的新闻产品矩阵，发现以脸谱网为代表的技术垄断公司掌握着对媒介生态的控制权，正在取代传统主流媒体成为信息"把关人"。陈昌凤（2018）从新闻分发与把关的变化出发，提出算法带来了权力的第二次转移，并且是由人转向机器。在智能算法广泛应用的大趋势下，把关人理论试图描述作为信息筛选者的算法在数字传播空间里的崛起，探究"算法把关"有助于我们更好地把握算法传播领域下的权力转移。

不少学者在研究中发现传统把关理论范式的变革，认为需要更新把关人模式才能充分解释算法权力的控制问题。阮立认为，必须要在吸收传统把关人理论同时，将把关人理论与现代方法相结合，为未来对信息的控制和传播方面提供一个研究框架。罗昕和肖恬结合算法技术和传统把关人理论，分析把关主体、把关关系、把关机制、把关内容的新转变，总结出算法把关缺乏导向管理、带来过滤气泡、在黑箱进行信息处理和挤压高质量新闻的四大结构性问题。将时代发展与传统把关人理论结合，才能让我们更清晰地认识、理解如今算法把关的运作原理。虽然算法机器面临着争夺人类权力的质疑和争议，但在时代的发展和各界批判的声音中，算法还是在不断调整和变化。喻国明通过研究"今日头条"的四次迭代过程，发现算法型信息分发和把关在不断增强其在社会的适应度与合法性。

②. 议程设置

议程设置是传播学的经典理论，指的是媒体通过对议题的显著性设置来影响公众对事件重要性大小的判断。沃尔特·李普曼（Walter Lippmann）在《公众舆论》一书中指出新闻媒介影响我们头脑中的图像，这是议程设置理论的雏形。1968 年，马克思韦尔·麦库姆斯（Maxwell Mccombs）和唐纳德·肖（Donald Shaw）通过"教堂山研究"，使用经验实证方法证实了大众媒介与公众认知的紧密联系，在 1972 年发表的《大众媒体的议程设置功能》中正式提出了议程设置的概念和理论框架。随着算法推荐成为主要信息流通方式，媒体的议程设置效果发生变化，国内学者也开始对两者的关系进行探讨。赵双阁等认为算法传播有可能削弱新闻的公共属性，实际上体现的是商业公司的商业议程。罗昕发现推特（Twitter）推送的热门话题很少出现发展中国家的新闻，他认为发达国家在算法传播中依旧掌握着国际议程设置的主动权。这些成果为未来算法传播的研究提供了有益的借鉴。

从国内学者对微博热搜排行榜的研究中，可以发现传统媒体的议程设置权力正逐渐向算法平台转移。微博热搜就是一个鲜明的例子，它利用算法识别抓取具有一定话题度的内容，带"#"号的话题标签随着舆论场讨论热度的增加进入到热搜排行榜，并根据热度高低排序"话题"。同时，算法平台总是基于各种利益诉求来控制信息的可见性，决定话题能否被看见和推送。正如基钦查（Kitchin）所说，算法被创造出来的目的并非中性，而是为了创造价值和利润。算法设计者不仅在"暗箱"中输入"以商业和流量优先"的价值观，还为获得市场注意力和商业利益，在热搜中设置不合理的版块议题。

算法并非单一固化的指令，而是会根据机制的特点设置不同的议题，这些议题所带来的效果也是不同的。王军峰在研究算法推荐系统的议题设置时发现，基于用户兴趣的内容算法推荐容易形成个人议程，协同过滤算法推荐会带来圈层化议程和圈层舆论，时序流行度算法推荐会造成议程遮蔽，关联规则和效用算法推荐使得议程固化，因此让算法发挥对用户的正面导向，就必须得为算法注入价值理性进行纠偏。即使算法机制会带来信息茧房等问题，但有时在议程融合中也发挥着社会整合的作用。社交媒体的排序性算法有力地推动了媒体议程和公众议程的互动与融合，媒介赋权功能打破了传播者与受众之间垂直的传播结构，互联网中出现了大量的网络传播社群，用户生产内容的风潮也随之而来。范红霞和叶君浩认为，聚合类的新闻分发机制能使分化的社群重新专注起来，提高认同感，并且也能使得某些孤独的社会个体参与到议题的讨论中来，实现"议程融合"与"社会整合"的双向同步过程①。

（二）批判研究

1. 文化工业

1944 年马克斯·霍克海默（Max Horkheimer）在《艺术与大众文化》一文中首次提到了"文化工业"。1947 年西奥多·阿多诺（Theodor Wiesengrund Adorno）和霍克海默在《启蒙辩证法》中全面探讨文化工业并大张旗鼓地批判文化工业现象，这个概念是哲学思辨的产物，不仅批判了资本主义社会生产的大众文化，还开创了媒介批判的先河。这两位法兰克福学派的代表学者对精英文化与大众文化进行区分，彻底否定和蔑视大众文化的商业化和世俗化。在 21 世纪的算法时代，义化工业理论显示出了主要的批判价值，有利于我们反思算法权力的控制问题。

文化工业理论揭露了大众传播时代文化商品对人的精神控制以及带来的危害，是对机器技术造成文化均质化、世俗化的强烈批评。在算法主导信息生产分发的传播空间下，文化工业有所升级并具有新的特点，不再是传统媒体时代的规模复制，而是个性化规模定制。于烜认为通过技术实现升级的短视频文化工业受控于算法权力②。阿多诺认为，统治阶级控制着文化商品的大规模复制和生产，把各种虚假需求灌输给大众，商业与资本的不断渗透，就像在给人们提供一种精神麻醉剂，使人不得不在空闲时间接受这些异化和同质化的产品。从大众传播时代的规模复制到算法时代的个性化定制，文化产品依旧受到资本的裹挟，人们依然沉浸在文化商品的使用快感和虚假满足感中。郝雨等认为，算法为用户创造个性化需求，使得代偿性满足替换真正的满足，资本与技术对用户的控制力有所增强。李翔认为算法推荐是"伪"个性化的，满足的个性化需求也不一定是自由和真实的③。因此，我们不能因为文化工业弥漫着巨大影响而免除对文化工业本质的反省，尤其是面对技术与资本合谋下的权力扩张，更不能掉以轻心。

2. 关键词批评理论

"关键词批评"作为社会与文化研究的独特方式，在雷蒙·威廉斯（Raymond Henry Williams）1976 年发表的《关键词：文化与社会的词汇》一文中被提出。威廉斯视词语为"社会实践的浓缩""政治谋略的武器"，注重在语言的实际运用和意义变化

---

① 范红霞，叶君浩. 基于算法主导下的议程设置功能反思［J］. 当代传播，2018（04）：28－32.
② 于烜. 算法分发下的短视频文化工业［J］. 传媒，2021（03）：62－64.
③ 李翔. 个性化推荐算法的"伪"个性化［J］. 新闻研究导刊，2020，11（18）：66－67.

中挖掘其文化内涵和政治意蕴①。他强调历史和现在同等重要，认为细致地探究词汇的历史源头及用法的演变，可以把握词义背后隐藏的意识形态和动机，发现真正的权力掌握者和权力的运行机制，最终找到反抗权力的源头。

算法原本只是纯粹的技术、程序，但在资本和政治介入下，算法逐渐演化成一种特殊的文化形式，即算法文化。以算法为代表的人工智能正深耕在人类的日常生活中，对人们的思想观念、生活习惯甚至心理状态产生巨大的影响，是构成一种文化的重要因素。全燕通过雷蒙·威廉斯的关键词批评理论，以算法文化作为关键词批评对象，考察算法文化的生成条件、语义起源以及其包含的社会实践变革。算法正在逐步改造人类自主实践的传统，也在被人类实践构成的社会技术系统改造，人类会把对人、地点、物体和思想进行排序、过滤、分层等文化实践的工作，越来越多地委托给计算过程②。从这点我们可以看到，一种产生于技术又作用于社会实践的新文化正在悄然改变着人类社会长期以来的感受、实践和理解方式。

3. 编码与解码

英国文化研究之父斯图亚特·霍尔（Stuart Hall）在继承和创新结构主义符号学和马克思主义政治经济学的基础上，编著了《解码与编码》一书，对传播学产生了重大影响。霍尔的解码/编码理论对信息传播起着重要作用，缺少任何一个角色都不能进行完整意义上的传播。霍尔还提出了观众对于电视文本的三种解码立场：主导——霸权立场、妥协与协商立场以及对抗的立场，使传媒的信息内容成为新的文化和社会研究资源，对媒介研究有着重要意义。

智媒时代，算法具有强大的文化内容控制权，有着影响用户信息接受和内容生产的能力。王一楠在《智能媒体时代内容创作者对算法的使用立场研究》一文中，将霍尔的解码/编码理论与詹姆斯·吉布森（James Gibson）的可供性理论相结合，在研究用户与技术媒介交互实践的基础上，根据对算法的不同使用立场，把内容创作者分成了三类：第一，持主导立场者，这类创作者会高度遵循算法规则，根据算法的要求和反馈不断调整内容；第二，协商立场者，他们希望借助算法让自创内容进一步曝光在网络流量池中，获得受众注意力，所以会和算法进行协商，加入观众不喜欢的推销信息；第三，持对抗立场者，比如一些出于隐私考虑给视频、图片文字内容加密的创作者，他们只是单纯为了使用内容创作工具和记录私人生活。解码/编码理论揭示了算法背后的设计者和用户之间的权力差异，积极、正面地探讨数字媒体系统中的权力关系，从而加强对人

① 黄擎. 雷蒙·威廉斯与"关键词批评"的生成 [J]. 外国文学研究, 2011, 33 (04): 133–138.
② 全燕. 关键词批评视野中的算法文化及其阈限性 [J]. 学习与实践, 2020 (02): 117–127.

机关系的反思。

4. 数字劳工

算法技术通常是与资本合谋的，它并不是纯粹地服务用户，为用户提供他们所需要的信息，而是为了平台、企业利润的增长。因此，在算法传播的研究中，需要借助传播政治经济学的批判视角来解读算法平台背后所隐藏的对网民、劳动者的剥削，而数字劳工就是常用的研究理论视角。该理论是在吸收了马克思劳动价值理论以及达拉斯·斯迈思的受众商品化理论的营养，以及结合了数字媒体时代、算法时代的现实环境发展而来的。马克思劳动价值理论认为，资本主义是通过对工人剩余价值的剥削来积累社会资本的。资本家通过占有工人劳动时间以外所创造的商品价值，来压榨和剥削工人，并且这部分劳动没有支付相应的劳动报酬。马克思在工业时代创造了劳动价值理论，而在算法时代，这一压榨现象依然存在。

算法平台中有很多数字劳工的表现，比如广大用户根据社交媒体的推荐浏览图片、文字、视频内容，为平台贡献了注意力；抖音短视频易操作和特效加持的特点，使用户成为意愿强烈的内容创作、传播的免费劳工；两大巨头外卖平台——饿了么和美团基于算法逻辑给外卖骑手设置工作规则，不断压缩外卖送达时间，都急于在短时间内追求高额利益。面对以上种种现象，国内研究者更多是用数字劳工理论来研究算法所构建的技术系统与外卖骑手劳动的关系。比如孙萍通过观察平台算法对外卖骑手精细化、标准化的劳动管理，向我们展示了算法对劳动关系和中国社会转型的重要影响力。邹开亮等通过平台利用算法对外卖骑手管控特征，将外卖骑手与外卖平台定位为劳动关系，而兼职骑手与外卖平台则是"类劳动关系"。探讨算法控制下的平台与数字劳工之间的关系，事关互联网用户与从业者的利益，也关联着互联网平台经济持续健康发展的目标。

数字传播时代，平台通过算法推荐机制分发信息，用户的需求被满足的同时也积极参与内容生产的活动，此时受众的角色已从用户向数字劳工转变。郭淼表示抖音的算法推荐机制绑架了用户作为信息生产主体自由创作的权利，抖音不仅通过算法推荐机制实现价值变现，还通过内容优先级的操作逻辑迫使用户不得不遵守算法的规则。数字劳工理论，有助于我们理解算法平台背后的资本操作，及时发现问题并给予解决措施，以应对算法传播可能会造成的社会风险。同时，如何用数字劳工的理论进行批判，让算法具有人文价值观照，服务于人，这是未来算法传播研究需要关注的问题。

5. 话语理论

"话语是一种权力。"我们在讨论算法传播下各主体间的权力争夺时，可以运用具有普遍解释力的"话语理论"。法国哲学家米歇尔·福柯认为话语不只是涉及内容或表征的符号，而且被视为系统形成种种话语谈论对象的复杂实践。简单来说，话语结构可以引导人们判定在某些语境中什么知识是有用的，或者在特定的主题实践和活动中，规定了什么是合适的。福柯的话语理论被广泛运用于传播学、新闻学、社会学等各个学科领域中，通常在传播学与新闻学中来批判媒体、算法平台等主体的权力控制，揭示了话语后面的权力与知识的共生关系。喻国明等认为话语及其传播作为一种权力的合法性建立在"群体合意"的基础上①，说明算法话语的权力统治方式更加难以揭露。

学者卡尔森基于新闻业的危机情况提出元新闻话语理论，讨论了新闻业的公共意义如何产生和变迁的问题。2016 年以来，中国社会的新闻媒体、受众和技术公司之间围绕算法展开多次话语理论研究。算法到底是像互联网技术公司鼓吹的那样"让世界更加美好"，还是如新闻媒体所批判的那样"走在灰色法律地带""价值导向错乱"，我们并不能得出清晰的结论，但从研究不同主体对算法的争论以及话语逻辑中，白红义、李拓发现，不同行动主体（算法使用者、官方媒体、市场化媒体、普通网民）之间的话语呈现了各自独特的视角，这种话语冲突的背后是对传播权力的争夺。以上研究通过话语理论，揭示了算法对新闻边界与新闻权威的影响，有助于人们思考：在新技术这些社会建构产物不断崛起的未来，中国新闻业界会有怎样的变革。

6."圆形监狱"

18 世纪 80 年代，英国哲学家杰里米·边沁（Jeremy Bentham）构思了理想中的监狱模式——圆形监狱，这是一种打破传统监狱架构的新型设计。后来法国哲学家米歇尔·福柯把圆形监狱视为一个"完美的权力规训机构"。在他看来，社会就是边沁所构想的"圆形监狱"。

在"圆形监狱"这个封闭的空间里，每一个被监视者都有自己的房间和位置，掌握权力者可以随时观察每个人的动态。这种布局就像写满个人隐私信息的表格，能从中获取到被观察者真实丰富的资料，结合算法时代下信息聚合平台的用户信息数据库来看，我们确实处于时刻被监督的现代社会中。郝雨等把算法推荐系统比作一座圆形监狱，算法是中心瞭望塔，用户是环形建筑中的囚犯②。算法分发机制运作的核心是庞大的用户行动数据，通过分析和解读用户在网络中的浏览记录、消费行为、生活习惯等数据，勾勒出用户的完整画像。范红霞表示这些数据在后台会被记录、收集和分析，并用于政治和商业目的。周建明，马璇认为在这一个过程中，用户对自己个人隐私的泄露毫不知情，被动地将权力让渡给算法，使自己完全暴露在被监视的网络空间中。虽然边沁"圆形监狱"的设想从未付诸实践，但在数据技术如此重要的时代，"暴露—监视"的

① 喻国明，杨莹莹，闫巧妹. 算法即权力：算法范式在新闻传播中的权力革命 [J]. 编辑之友，2018（05）：5－12.
② 郝雨，李林霞. 算法推送：信息私人定制的"个性化"圈套 [J]. 新闻记者，2017（02）：35－39.

机制的确已经产生。

现代权力是毛细血管状的，它不是从某个核心源泉中散发出来的，而是遍布于社会机体的每一微小部分和看似最细小的末端，它是无处不在、无孔不入的。同样，算法作为一种权力也无时无刻不影响着人们的生活。张爱军等认为个体所处的空间是算法设计者所制定的，算法推荐潜移默化地影响着固守在"信息茧房"里的人们的认知框架与态度选择。一切主体对于算法技术的干预是毫不知情的，然而在某种情况下，用户需要互联网的便利，就得要承担一部分隐私泄露的代价。美国学者马克·波斯特曾经说过，人们正处在计算机数据库信息模式下的技术性权力格局中，被限制在"超级全景监狱"里。与"圆形监狱"不同，"超级全景监狱"代表着一种全新的监视和规训，这种监视更加隐蔽而无处不在。同时，用户也开始对这种规训从被动变得心甘情愿。比如，在使用社交媒体、聚合类新闻平台等软件前，手机屏幕都会弹出该 APP 的用户协议与隐私政策，如果点击"不同意"，APP 会剥夺用户的使用权利。

▶▶ 二、计算机科学理论

（一）奇点

近年来，科学技术呈爆发式发展，"奇点"这个概念得到了越来越多人工智能领域中学术研究的关注。要了解何谓人工智能"奇点"，就要回归到它最原始的语义。奇点是物理学的一个概念，指的是某个时间或空间里，出现了类似黑洞或者宇宙大爆炸的情况，数学已经不能再解释世界。人类历史中出现的奇点是指，生活在今天的我们无法理解技术迅猛发展出现的情况，即人类社会中的一切都出现了改变，比如我们认为理所当然的、自觉遵守的法律规则、伦理道德、经济理论等，甚至人类最根本的价值观都发生变化或淘汰。有些学者认为，在人工智能时代，人类历史发展已经临近了"奇点"。比如，国章成认为奇点的到来会对法律道德、科学理论、社会经济、人机关系等产生负面影响。

将奇点理论和算法传播结合来看，可以发现算法技术给社会带来了一些现实挑战，比如，从法律道德的方面来看，算法已经全面介入人们的生活，使得现有的法律难以适应新的技术文明。算法传播写作机器人利用算法创造和生产诗歌、新闻以及音乐曲目等文化产品，这些作品几乎能够达到人类水平的惊艳效果，但也带来机器人写作的著作权问题，而如今的法律并没有对此加以规范。随着"技术奇点"的到来，人工智能必将以智慧物种的新面目强势崛起，人类所构建的"自然—人"二元论理论范畴，将会被

"自然—人工智能—人"三元论范畴所取代①，技术奇点会对科学理论造成一定的冲击，这也给未来算法传播的理论研究带来新的启示。

不管奇点是否真的会来临，我们都需要去正视它，采取积极措施去应对它可能带来的风险和问题，做到未雨绸缪。由于科技革命会对人类社会造成威胁和冲击，人类更应该团结起来，携手应对，使得以算法为核心的人工智能技术真正地造福社会。在移动互联网、大数据、超级算法、传感网、脑科学等新技术的发展下，"奇点"也启发了我们对人类、机器、技术和传播关系的重新思考。

（二）信息流原理

互联网技术打破了单一线性的传播格局，虽然实现了受众的话语平等，但也造成信息过载、信息冗余等问题。而智能化的信息流算法可以帮助用户筛选感兴趣的高质量、个性化的内容，提高用户获取信息的效率。比如，以微信朋友圈为典型代表的社交平台，还有以"今日头条"为代表的聚合类咨询平台，都采用了智能化社交信息流（也被计算机业界称为 Feed② 流）来进行内容分发。因此，要剖析算法的内在逻辑及其对用户信息环境的影响，就需要深入理解不同的信息流原理。

简易信息聚合，也可以称为 RSS（Really Simple Syndication），搭建了一个信息迅速传播的技术平台，在平台订阅过程中会用到"Feed"，引申为用来接收该信息来源更新的接口。Feed 流则是指一种实时消息，在互联网平台上，海量级别的信息汇聚成一个待筛选、排序的 Feed 池，平台则依据某种算法从池中筛选出特定的信息，按照某种优先级顺序推送到用户界面，形成持续更新的 Feed 流③。也就是说，算法基于各式各样的用户画像有针对性地输送 Feed 流，在这一个过程中，信息流在算法的加权下也会有着不同的特点与状态。师文、陈昌凤就基于信息流原理，前瞻性地考察了社交信息流算法对传统分发、社交分发和算法分发的既有格局的变革。

（三）语义网

算法作为一个超级传播者，依据关键词语义坐标索引生成最大化的内容接受面，独立地完成以往需要传播组织内部分工协作的各项工作。关键词分析和自动化内容生成构建了算法传播的整体框架。2006 年，万维网联盟的蒂姆·伯纳斯-李预测在 Web 3.0 时代，通过为互联网增加更多的语义修饰符号，互联网上的所有数据都可以被解读、判断

① 国章成. 人工智能可能带来的五个奇点［J］. 理论视野，2018（06）：56-64.
② Feed 翻译过来是"饲养、饲料、（新闻）广播等"。
③ 师文，陈昌凤. 社交分发与算法分发融合：信息传播新规则及其价值挑战［J］. 当代传播，2018（06）：31-33.

与分析，由此形成一个越来越智能的互联网。随着算法智能技术的发展，人类如今正在走进 Web 3.0 时代，全燕认为这个时期算法会收集和分析用户的网络数据，依据用户的网络浏览行为、习惯等因素生成节点化的关键词，并将具有相同特征的关键词连接起来形成语义网。

"语义网"是 1998 年蒂姆·伯纳斯-李基于对未来网络的设想提出的。他认为语义网的出现使得计算机能够分析网络上的所有数据，未来人们生活的日常机制都将由机器与机器之间的对话来处理。语义网好比一个智能化大脑，它不仅可以智能地判断语义和词汇，还可以理解它们之间的逻辑关系，实现人与计算机的无障碍沟通，提高交流效率。综上，我们可以看到算法与语义网是有着紧密联系的。语义网起到了将关键词连接起来的作用，并为算法的内容生成提供了基础。算法对用户在网络中浏览、点赞、转发等数据进行收集并自动生成清晰的用户画像，即与用户兴趣贴近的关键词。语义网可以将庞大的冗杂的用户数据聚集起来，形成具有不同节点的网络，从而根据每个节点定制不同的内容生产与分发策略。此外，语义网还能通过分析数据的不同层面，得出具有丰富语义的关键词内容并连接成网络，为算法内容生成提供素材。

▶▶ 三、社会学理论

（一）文化资本

布尔迪厄（Pierre Bourdieu）的《区分：判断力的社会批判》一书中揭示了任何场域，包括文化消费都会出现各阶级内部阶层相互斗争的行为，不存在所谓非利益的或者超功利的公平。社会群体可以借助文化知识、惯习和品位所带来的优势来获得社会地位，因此文化资本并不是平均分配的，是一种需要历史积累的排他性资源。文化资本带有批判色彩，有助于人文社科学家用来揭露社会中隐藏的文化制度的统治以及权力分配关系。

在新媒体激增、文化形态丰富的全球化和信息社会中，文化资本理论出现了新的延伸和拓展，会为学者研究算法平台文化生产、算法平台与用户之间关系带来一定的启发。比如，彭兰观察到算法对个体存在着一套评价体系，它可以影响个体的社会形象，甚至影响着人们在社会中的位置及流动的可能性。例如，企业的人力资源部门可以通过算法来决定人员的聘用、工作的升迁，或者银行根据算法来决定是否向某人发放贷款。结合布尔迪厄的文化再生产的解释，资本分布的结构是不均匀的，再生产过程中，拥有权力者永远都占据主导和霸权地位，通过符号优势和先进技术等生产资料获取利益，因此我们可以清晰地看见彭兰所描述的没有权力和资本的人，在算法传播中会受到各种的偏见和不公。除此之外，国内学者结合"文化资本"理论研究算法为社会结构带来的改变。全燕认为以网络口碑意见为主要形态的评分机制、排行榜正在拓宽文化资本的边界，作为平台的重要组成部分，还对传统的消费社会结构产生巨大冲击。李婧等认为算法会加剧网络社群的区隔和偏见。品位是文化资本的外在体现，品位差异意味着文化资本的差异①。算法形塑的文化内容强化了不同的社会分层，造成社会的不平等。

（二）拉图尔行动者网络理论（ANT）

社会学研究的领军人物布鲁诺·拉图尔（Bruno Latour）所倡导的行动者网络理论（Actor-Network Theory，简称 ANT）对社会学和其他社会科学的理论范式、研究方法都产生了重要影响。行动者网络理论的三个核心概念是行动者、网络和转译。行动者可以建立一个自己的网络，通过对其他行动者的兴趣进行转译，将他们纳入网络中，且任何一个行动者都可以是转译者。拉图尔认为行动者网络是一个认识世界的工具，它给了我们重新审视新闻传播活动的方法，人们完全可以在认识论层面通过行动者网络理论来阐述算法新闻的公共性建构、算法对传统媒体新闻生产的连接等问题。

国内学者为理解平台经济的数字化和社会化，将 ANT 与技术生产的视角进行了对接。姜红和鲁曼在《重塑"媒介"：行动者网络中的新闻"算法"》中引入行动者网络理论，探讨了算法与用户之间的关系，认为算法作为"非人类行动者"，和人类的传播活动编织在一起成了新型"行动者网络"。在信息传播网络中，算法会根据不同用户的各种行为数据来进行调整，使用户能够接受算法定制的内容，因此，用户、算法和机构是同时依存、互相影响、紧密联系的。徐笛认为不同行动者，包括算法工程师、用户、商业平台等在转译的过程中从各自利益和视角出发，不断修改着算法的意义和内涵。孙萍基于网络行动者理论探讨了数字平台中的各方力量所生产出的外卖送餐平台的算法体系。由此可见，数字平台被学者视为特殊的算法空间，在这里牵涉到了不同力量主体的利益追逐和权力争夺。

算法在不同程度上控制和影响着行动者，并介入行动者之间的互动，行动者网络中的每一方都受制于幕后的算法。喻国明认为要改变算法技术的单一控制，应当协同非人类行动者与人类行动者，多方共同参与到对算法制定、评估的行为中。在有关算法伦理的研究中，行动者网络理论也被用来建构"人机协同"的新闻伦理机制。林凡和林爱珺认为，应该把算法新闻黑箱当作"一个道德分配网络"，考察不同行动者在其中承担的道德责任比重，人和作为非人类行动者的算法要共同肩负伦理责任，防范社会资源向

① 李婧，陈龙. 算法传播中的文化区隔与分层 [J]. 苏州大学学报（哲学社会科学版），2021，42（02）：176 – 184.

某处倾斜，促进传播生态的良性发展。这些研究可以发现，ANT 理论有利于我们关注算法对媒介格局、信息生产、媒介伦理的影响。

需要注意的是，行动者网络理论也具有局限性。在拉图尔看来，一切人、非人、事物的参与者无时无刻不发挥着转译的作用，并且表示行动者网络所形成的权力关系只是短暂的、权宜的、可以被重塑的，这种观点继承了相对主义哲学观的原理。事实上，资本力量和政府力量始终是主导和引领算法生产网络的核心。因此，在借用该理论研究算法传播时，须避免陷入绝对性考量。

（三）正当性理论

正当性（legitimacy）最早被社会理论家马克思·韦伯（Max Weber）关注到，随后帕森（Parson）将正当性纳入组织社会学研究中。韦伯没有对正当性进行完整的定义，他认为，一种统治秩序的正当性，是靠服从这种统治的人对这种正当性的信念来评估的。也就是说，支配者认可某种秩序，认为施加于他们身上的命令是正当的，并且自愿服从和遵守规则，显示了一种支配和服从的权力关系。

随着算法技术在新闻业界的成熟运用，新闻学界开始以更多元和开放的视角探讨算法的正当性问题。白红义分析了 2016 年以来不同话语主体对算法的讨论，认为隐藏在媒体背后的政治逻辑对媒体的规训具有决定性作用。韦伯认为，正当性是政党组织管理和统治人民的前提。然而，在新媒体时代，各种媒体和平台也需要构成话语的正当性，需要在网络中掌握足够的传播权力来影响受众。在争夺传播效果的背后，其实隐藏着意识形态与技术平台的权力对抗。张志安在《基于算法正当性的话语建构与传播权力重构研究》用正当性概念来分析算法平台中多元行动者的话语实践，他认为关于算法正当性的争议，是从算法打破了传统媒体主导权而开始的，意识形态驱动传统的新闻生产主体和新兴的技术平台就权力展开争夺。由此可见，算法传播研究的思辨性更强，越来越多学者开始反思智能媒体在正当性层面扮演的角色。

（四）结构化理论

安东尼·吉登斯（Anthony Giddens）认为个人的行动与社会的结构是相互转换、循环共生的双重建构性关系，所以他力图从宏观视野寻求两者的结合，为了解决社会学方法论中二元论问题，在 1984 年《社会的构成》一书提出了结构化理论并对其概要、内涵进行总结。结构化理论有一个主要的观点，结构不仅不会制约行动，还是让行动得以实现的媒介。用日常生活中的话语交流作为例子，行动者需要通过彼此共知的"文字和语法规则"才能与他人进行交流，否则容易造成传播障碍，双方也不能互相理解。文字和语法规则是社会结构的产物，它们赋予了行动者与他人交流互动的条件，也对他们构成了行动的制约。除了在这一方面，其他社会规则和资源都与行动有着类似的关系——主客体的融合关系。

数字时代，是一个信息内容丰富但注意力稀缺的时代，也是一个传受关系不断变革的时代。世界著名传播学家詹姆斯·韦伯斯特（James Webster）在其《注意力市场：如何吸引数字时代的受众》一书中，对数字时代受众研究相关问题进行了分析和解答，对算法传播也是一个很好的启示。他将结构化理论框架引入注意力市场的研究，提出注意力市场的三个构成要素：受众、媒介和测量机制。在韦伯斯特看来，媒介和受众——注意力市场中的两大主体是相互影响和相互建构的，而测量机制发挥着中枢作用，将两大主体连接起来，推动了注意力市场的结构化进程。算法传播时代，媒介平台借助测量工具，精准定位受众需求并向其推送个性化定制的信息，而新媒体的存在打破了传统媒体的主导地位，用户在新媒体环境下具有更强的能动性。

国秋华（2019）在《个性化新闻推荐对注意力市场的建构》一文中从对韦伯斯特理论的分析来考察算法的个性化推荐，研究发现，个性化新闻推荐通过算法把关、个性化定制和协同过滤等方式改变了传统媒体的资源配置方式，而用户发挥自主能动性，积极使用搜索引擎、社交网络等平台机制来做出信息消费的选择，传受关系模式发生巨变，个性化新闻推荐成为建构注意力市场的新结构性力量。用户和个性化推荐的互动与互构，真正意义上突破了传统媒体建构注意力市场的局限性，使得资源得到更有效、更广泛的分配。虽然算法黑箱、算法偏见等问题在某种程度上影响和规制着人，但技术公司、用户和媒体可以积极做出应对措施，追求价值理性和工具理性的统一。

（五）后工业社会

丹尼尔·贝尔（Dantel Bell）在1973年出版的《后工业社会的来临》中预测未来的资本主义和社会主义将会连接起来成为一个新的社会形态——后工业社会。贝尔认为，"后工业社会是围绕着知识组织起来的，其目的在于进行社会管理和指导革新与变革，这反过来又产生新的社会关系和新的结构"。简单来说，就是科学技术理论在不断更新与发展，人类探索社会和科学的层面达到一定的高度，知识不仅会成为后工业社会的核心，还会影响到社会结构和社会关系的变革。比如，全燕通过研究网络评分机制、平台排行榜分析发现，这些新型的平台文化资本不断打造新的消费场景来培养用户的消费习惯，推动着消费市场秩序的重建，使得用户可以超越时空界限，随时随地在云消费空间中下单、购物。显而易见，巨型平台科技企业掌握着核心的科学技术，有着强大的科技创新势能，可以不断刷新和延伸人们对科技的认知，最终影响着社会结构的改变。

▶▶ 四、认知心理学

认知心理学（cognitive Psychology）是 20 世纪 60 年代新兴的心理学研究方向，是用来研究人的心智活动和思维运行机制的学科。认知心理学的研究通过计算机模拟来推论人类无法直接观察到的内在认知过程，也就是通常所说的"心智黑箱"，该学科强调的是观察和实验的客观性。结合认知心理学的理论，可以给未来算法传播提供新的研究方向。

（一）物理符号系统

纽厄尔（Newell）和人工智能开创者赫伯特·A·西蒙（Herbert A. Simon）提出了物理符号系统的假设。他们认为计算机和人脑都是物理符号系统，都可以进行符号的表征和符号的计算。从这个方面来看，该系统假设把人脑所具有的所有观念、想法、概念以及人脑加工的过程看作物理符号，那么计算机就可以把内在认知这一心理事件置于物理事件的同样理论体系中加以探讨。任何物理事件只要通过符号的形式表现出来，计算机就能输出完整的意义。同样，人类的思维或者问题等高级的心理活动也可以通过计算机被完全模拟出来。这就突破了传统心理学的局限性，计算机可以通过符号推算能力来模拟人的心理过程，大大增加了客观揭示人类内在认知的工作原理的可能性。"物理符号系统"的假设说明人工智能系统存在着"知识"，是信息加工心理学的理论基础，为心理学家建立更多关于心理活动或脑机制的理论，也拓展了算法传播的研究范围。

（二）认知基模

基模（schema）是认知心理学的重要概念，是瑞士认知心理学家让·皮亚杰（Jean Piaget）在研究儿童成长和认知发展过程之际提出，后被广泛运用到信息处理和传播学研究中。认知基模就像一个过滤器，它是由人们的"认知结构"与"现实环境"两个要素构成的，给我们留下想要的信息，筛掉不想要的。这个信息过滤的过程也可以说是一种"选择性心理"的过程，社交媒体和商业平台的算法推荐机制能发挥作用的前提，就是把握住了受众的"认知基模"，通过抓取用户的浏览痕迹和个人兴趣的数据，分析出不同用户的心智结构。当看到网络中的某个"关键词"，用户过去的相关经验和知识会迅速引导他们做出认识、推理和判断。因此，认知心理学为算法传播和人工智能领域提供了一个理论视角，通过分析受众的认知基模，可以有针对性地制定科学的传播策略和推送机制，这样才能极大地提高传播效果。

（三）双进程理论

认知科学家斯坦诺维奇（Stanorich）使用双进程理论（Dual-Process）来描述人类

大脑的两种进程：快与慢。进程一的特点是处理信息快，不需要认知的参与，即自动化加工；进程二的特点是加工速度慢，需要大脑分析思考。该理论揭示了大脑的运作机制和局限性，让我们认识到可以通过学习来增强心智程序的理性。国外研究者利用认知心理学的双进程理论，研究算法推荐机制是如何影响到新闻信息接收的。比如，Chaiken Trope 基于"双进程理论"所提出的两个信息处理路线，即深思熟虑的中央处理路线或启发式处理信息的外围路线①，迈克尔·比姆（Michael A. Beam）从前者研究出发，认为制作与信息接收者个人相关的信息是一种经常用于提高处理信息的动机和能力的策略②，对于在网络中浏览新闻的用户来说，如果平台推荐的是与自己相关的、感兴趣的个人信息，才会存在着高度动机和深层处理信息的能力。双进程理论，从受众的心理认知视角出发，深入算法传播领域中机器感知不到的心智黑箱，为研究算法推送效率提供了理论框架。

里德·斯蒂芬（Reed Stephen）赞同人工智能和认知心理学领域的更大整合，他认为使用人工智能中的计算模型作为认知心理学中的理论模型，能够解决联合计算问题，以及促进人与机器之间的交互③。可见，两者的结合在一定程度上会促进对心智活动中脑机制的了解，有助于算法传播中人机关系问题的探讨取得进一步的突破。有学者提出，认知心理学未来可以深入对"认知神经科学"领域的研究，从而拓展新的理论对人工智能传播进行分析。中国认知传播学学会会长欧阳宏生教授曾指出，单纯凭借心理学、认知心理学以及传播学是很难将人参与在其中的复杂性解释清楚的，需要引入神经科学、统计学，借助科学仪器来观察、统计、分析人在信息采集、选择介质传输、接收以及态度、行为改变概率等一系列流程中潜藏的内在规律④。由此可见，认知心理学与认知神经科学的有机结合必将有力地促进对心智活动的脑机制的了解，为未来算法传播研究的拓展提供更多的可能性。

▶▶ **小　结**

除上述总结的传播学、计算机科学、社会学和认知心理学之外，政治学、哲学、人类学等学科的一些理论也为算法传播提供了多元的视角。比如林建武参照马克思的劳动理论，说明平台是如何剥夺劳动者的剩余价值的，指出以算法为逻辑的平台经济中，劳

---

①　STANOVICH. Dual-process theories in social psychology ［M］. Guilford Press, 1999.

②　MICHAEL A. Beam. Automating the news：How personalized news recommender system design choices impact news reception ［J］. Communication Research, 2014, 41（8）：1019 – 1041.

③　REED S. Building bridges between AI and cognitive psychology ［J］. AI Magazine, 2019, 40（2）：17 – 28.

④　本刊记者. 认知传播：融合突破、学科建构与创新——专访中国认知传播学学会会长欧阳宏生教授 ［J］. 编辑之友, 2016（06）：5 – 9.

动者并没有获得自由劳动的机会；毛湛文和孙墨闻从哲学的技术调节理论出发，把人与作为技术物的算法放在同等重要的主体位置来考虑，提出用"算法调节"的视角观察新闻透明性原则在算法新闻分发平台的实践中面临的障碍。由此可见，作为一种技术、资本、文化和权力的集合体，算法不仅渗透在人们社会生活的方方面面，还引发社会结构的变革，只从单一的学科理论视角出发会造成该研究的狭隘和局限。人类在进化，算法机器也在进化，因此研究理论也要不断创新，让算法传播研究的未来更加光明和开阔。

 【思考题】

（1）传统的新闻生产主体和新兴的技术平台是如何就建构话语的正当性展开权力争夺的？

（2）如何看待外卖配送系统的算法缺陷？可以用什么理论来解释"外卖骑手被困在系统里"的现象？

（3）用语义网理论解释算法是如何根据关键词来进行内容生成的？

（4）可以用文化资本理论来解释算法推荐系统会带来社会分层现象吗？算法推荐是否会拉大阶级差异？

（5）什么是文化资本？在算法传播中文化资本理论是否有新的延展，可以举例子谈谈吗？

（6）在平台算法驱动下传播发生了什么改变？

 【推荐阅读书目】

[1]《启蒙辩证法》，马克斯·霍克海默、西奥多·阿道尔诺著，渠敬东、曹卫东译，上海人民出版社，2006年版.

[2]《区分：判断力的社会批判》，皮埃尔·布尔迪厄著，刘晖译，商务印书馆，2015年版.

[3]《注意力市场：如何吸引数字时代的受众》，詹姆斯·韦伯斯特著，郭石磊译，中国人民大学出版社，2017版.

[4]《思考，快与慢》，丹尼尔·卡尼曼著，胡晓姣、李爱民、何梦莹译，中信出版社，2012年版.

［5］《超越智商》，基思·斯坦诺维奇著，张斌译，机械工业出版社，2015 年版.

［6］《我们从未现代过》，布鲁诺·拉图尔著，刘鹏、安涅思译，苏州大学出版社，2010 年版.

参考文献

［1］MICHAEL A. Beam. Automating the News：How Personalized News Recommender System Design Choices Impact News Reception［J］. Communication Research，2013，41(8)：1019 - 1041.

［2］王军峰.算法推荐机制对用户议程的影响与反思——基于技术与社会互动的视角［J］.未来传播，2021，28(05)：21 - 28.

［3］王一楠.智能媒体时代内容创作者对算法的使用立场研究［J］.中国编辑，2021(03)：27 - 32.

［4］郭淼，王立昊.抑制与绑架：抖音用户的"算法焦虑"［J］.新闻与写作，2021(04)：99 - 102.

［5］周建明，马璇.个性化服务与圆形监狱:算法推荐的价值理念及伦理抗争［J］.社会科学战线，2018(10)：168 - 173.

［6］国章成.人工智能可能带来的五个奇点［J］.理论视野，2018(06)：56 - 64.

［7］彭兰.生存、认知、关系:算法将如何改变我们［J］.新闻界，2021(03)：45 - 53.

［8］全燕.平台文化资本的形成与消费社会的再结构化［J］.江苏社会科学，2022(04)：214 - 221.

［9］姜红，鲁曼.重塑"媒介":行动者网络中的新闻"算法"［J］.新闻记者，2017(04)：26 - 32.

［10］喻国明，张琳宜.元宇宙视域下的未来传播:算法的内嵌与形塑［J］.现代出版，2022(02)：12 - 18.

［11］林凡，林爱珺.打开算法黑箱:建构"人—机协同"的新闻伦理机制——基于行动者网络理论的研究［J］.当代传播，2022(01)：51 - 55.

［12］张志安，周嘉琳.基于算法正当性的话语建构与传播权力重构研究［J］.现代传播(中国传媒大学学报)，2019，41(01)：30 - 36.

第三讲

算法传播研究的方法论基础

算法传播研究不仅要有理论上的溯源，也需要研究方法的支撑，没有研究方法就难以将概念化的理论进行操作化。在过去几年时间里，算法理论研究取得了硕大的研究成果，但对方法论的讨论寥寥无几。算法传播作为传播学中的一颗新星，其研究方法体系直接来源于传播学传统研究方法，并在大数据、眼动仪等科学技术的推动下逐渐形成新的方法体系。"新"意味着创造，同时也意味着风险。在转变的过程中，算法传播的研究方法在还未完全成熟之前就面临着"唯数据"的风险。如此依赖于数据的算法传播研究真的能够创造知识吗？本讲将从传播学的传统研究方法谈起，探析算法传播的研究方法起源，并在此基础上阐述进行算法传播研究所需要的科学意识和方法意识，之后再论证方法"唯数据"风险与知识创造的问题，最后探讨了算法传播研究方法的跨学科属性。

▶▶ 一、算法传播研究的方法论来源及其发展

（一）从大众传播时代到计算传播时代的方法论转变

算法传播从本质上来看是传播学发展到大数据时代的产物，因而其研究方法也由大众传播时代的问卷调查法、内容分析法、实验室实验法等传统传播学研究方法转变而来，并在大数据技术推动下逐渐形成一个新的研究方法体系（图3-1）。从实践逻辑来看，算法传播研究所使用的方法是计算社会科学方法在人文领域应用的一种体现。计算社会科学（Computational Social Science，简称CSS）是最近10年内兴起的一种采用互联网、大数据、机器学习等计算技术来研究社会科学问题的新思潮和新方法，也是一个涉及科学、技术、医学、社会、人文等各领域的跨学科"群众运动"。"计算科学"何以与传播等人文社会科学融合？近年来，随着大数据技术的发展，万物皆可变数，个体到群体、行为到态度、局部到全局等都可由数量运算、算法抓捕、机器存储等技术进行可视化输入输出，社会现象也可以用程序代码来演算。计算已经融入人类日常生活，人机交互、人脑与机器对接、脑认知实验、虚拟现实等已成为现代社会生活图景。人类生活在一个"数"的世界，而人文社科是一项关于人与社会生活的研究，因此人文便与"计算"产生了交集。

数字世界的人文研究在内涵和外延上都有所扩大，算法传播即人文社会科学在数字时代扩大化的另一个研究子集。在研究方法层面，算法传播承袭了新一代人文社会科学的研究思维和路径，在保留传统传播学研究方法的基础之上，将计算社会科学方法应用到实际研究中，以期用"数"来研究复杂的社会行为和社会规则。例如，香港城市大学媒体与传播系互联网挖掘实验室对Twitter上的传播者的研究、王国成等对论文主题

与中国现实之间的关联度的研究、Xu 等人利用可视化技术展示社交媒体上不同类型传播者之间的竞争关系研究等。以上研究都将大数据、互联网、机器采集技术融于一体，体现了当代传播学研究的数字化转向。研究内容的变化促使研究方法发生转变，从图 3-1 可以看出，计算传播时代下的研究方法较之传统的传播学研究方法更依赖现代技术，也更注重对海量数据样本的收集。总的来说，大众传播时代的研究方法在现代技术的推动下发生了革命性转变，具体主要体现在以下几个方面：

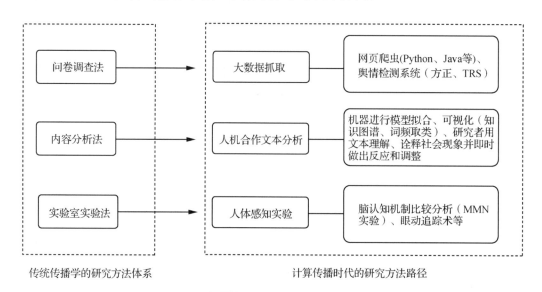

图 3-1 研究方法转变图

1. 传统随机抽样转向大数据抓取的全体数据

在以往的传播学研究中，针对研究问题和研究设计开展的针对受众的测量一般都以随机抽样或研究者选定的固定样本为主。随着网络时代的到来，人们日益趋向于在社交媒体上表现自我，且表现的形式也更为个性化、多元化。因此，研究人员可以通过网络空间的某种"追踪技术"来进行搜索、文本采集，再对这些收集来的基础海量文本进行整理，即可获得反映某种心理倾向和行为选择的大量研究对象。大数据抓取相对于传统的随机抽样而言，其覆盖性更大，可以囊括一些传统抽样方法无法触及的研究对象，并且可以轻松捕捉到某些细节信息。比如，传统传播学的研究由于人力、物力等客观因素的限制，往往无法收集到大量的研究对象，只能在力所能及范围之内选择固定人数的对象群体，以此进行案例研究或代表性研究。大数据挖掘技术则可以快速、准确地收集大量的研究群体，扩大研究对象的基数，从而让研究更全面。而在细节捕捉上，大数据技术则可以在同步抓取关键词的同时保留同事物的连接，记录人类的连续性行为，研究者将这些行为数据收集起来进行分析，有助于客观了解人类行为。

需要注意的是，虽然大数据技术相对于传统的抽样方法而言具有诸多优势，但在某些情况下，大数据抓取还无法完全取代传统抽样调查方法。大数据抓取在新闻传播研究的应用中，具有较强的平台性特征，其往往是以某平台的需求为基础进行的特定主体对象的搜集和统计，例如，某音乐平台的用户使用数据、某电视台的收视率统计等。此外，大数据抓取的样本数量虽多，但并不能兼顾样本内部的差异性。而传统抽样虽然不能抽取海量数据，但在一定数量范围内却可以兼顾样本内部差异。例如，分层随机抽样方法，可以按照总体已有的特征分成几个不同的部分，再分别在每一部分中随机抽样，过程中遵循层内差异小、层与层之间差异大的原则，充分利用总体信息，更具精确性。两种方法各有优势，需要研究者在进行研究时自行判断方法与问题的适配性。总体来说，大数据抽取的样本质量与使用传统抽样方法得到的样本质量并无优劣之分。

② **2.** 从人工分析到人机协作分析

传统的内容分析通过人工编码、人工分类来进行，因而其处理的数量有限。随着大数据时代的来临，现代社会产生了大量的数据信息，传统的内容分析法显然难以适用。人机协作的分析方法是传统内容分析法发展到数据时代的产物。大众传播时代的内容分析法由于是人为收集资料并整理分析的，且在分析过程中人工编码可能会产生误差，所以导致其效率和内在效度低下，而人机协作分析则可以在一定程度上避免此类问题。人机协作分析利用新生的统计软件将庞大的基础数据进行图谱、聚类、关键词等可视化分析，为研究者提供了众多隐含在材料中的重要信息，同时也为研究者解决了各种琐屑、重复的基础性操作，节省了大量时间和精力。研究者则在机器软件进行基础分析的同时，收集其他相应的材料加以补充，并且在分析过程中即时更正机器软件处理信息的各类阈值，使分析结果更贴近真实研究。

在计算化的网络社会，人机协作分析不仅可以快速处理大量文本，还可以更好地研究某种新型的社会形态和网络传播趋势。例如，喻国明基于2009—2012年百度热词所构建的舆情模型，采用大数据的价值挖掘技术和分析技术，探讨如何将碎片化的舆情信息整合并进行模型建构的方法，在此基础上分析了当下中国社会舆情的结构性特征①。丁睿豪等对算法推荐的学术场域的研究，运用可视化分析软件对453篇文献进行科学知识图谱分析，呈现了算法推荐研究的热点场域和平台崛起对算法研究的影响②。巴蒂斯

---

① 喻国明. 大数据分析下的中国社会舆情：总体态势与结构性特征——基于百度热搜词（2009—2012）的舆情模型构建［J］. 中国人民大学学报，2013，27（05）：2-9.
② 丁睿豪，夏德元. 传播学视角下算法推荐研究的学术场域——基于2010—2019年新闻传播学文献的Citespace可视化科学知识图谱分析［J］. 新闻爱好者，2022（01）：16-21.

特等利用算法技术构建了一个数字化语料库,将五百多万本书籍纳入库中,展示了语法演变和词典编纂的文化现象和文化趋势①。巨量的数据文本在以往的内容分析中难以进行,而今在计算软件的帮助下可以快速、准确、形象地展现数据分析结果,为研究者节省了大量的财力、物力和人力。

需要说明的是,技术的发展催生出了人机合作,虽然其在数据收集和逻辑分析方面远胜于人类,但我们不能过度依赖机器软件的数据分析。在人机协作分析的过程中,研究者本人应当作为整个研究过程的导向者。机器软件极度依赖程序编码和分析设定,只能在规则确定、信息完毕的封闭系统中进行分析,一旦脱离完整的封闭系统,分析结果就会出现误差甚至严重错误。这就需要研究者在研究过程中担当严谨的"把关人",及时发现问题,改正分析程序,避免被数据遮蔽,得到错误的结论。人机协作的文本分析法会逐渐成为一种新的文本分析范式,分析软件也会不断更新迭代,在未来高度智能化的社会环境下,或许会产生专门的数据分析机器人,将数据分析结果进行记忆。而记忆储存在机器人中,或是带来保护,或是带来伤害。这就使机器分析具有了一定的社会性质,即道德伦理属性。这就意味着在研究过程中,要想数据分析结果安全、可靠,符合社会道德,还必须依靠研究者敏锐的洞察力、道德分辨力和应变能力才能完善研究,解决问题。

③. 从研究对象的外围属性到内部属性

算法传播虽以大数据收集、挖掘为主,但它并未忽略或者排斥传统传播学的研究方法,依旧具有传播学的交叉学科属性,也更加强调生物技术在效果研究中的作用。在以往的传播学研究中,实验室实验法的相关研究几乎都是围绕研究对象的外显属性进行的,比如态度、行为、语言等,缺乏对人类认知的内部属性研究。随着认知神经科学和现代传播学的交叉范围不断扩大以及生物技术的快速发展,脑认知实验、眼动追踪术等研究方法逐渐被引入传播学研究中,并在算法技术支撑下形成新的效果研究范式。脑认知实验研究即通过认知科学脑认知仪器,显示人类大脑如何调用各个层次的组织去实现认知信息—做出反应—反馈信息—接受新信息的过程。

国内新闻传播学研究中,较早将脑认知实验与传媒研究结合并做实证研究的是中国人民大学传播与认知科学实验室。喻国明等基于 MMN(失匹配负波,事件相关电位实验中衡量听觉的一个重要成分)实验,证实了纸质报纸和电纸书报纸在脑认知机制上的

---

① JB MICHEL, KS YUAN, AP AIDEN, et al. Quantitative Analysis of Culture Using Millions of Digitized Books [J]. Science (New York, N. Y.), 2011, 331 (6014):176–182.

差异及不同特点，初步验证了麦克卢汉关于"媒介即信息"的观点①。日益精确化的科学认知仪器帮助研究者逐渐认识人类脑部认知的运作过程，有学者借此对人脑进行了简单的抽象或模仿，构建了神经网络信息处理系统，利用算法技术抽取信息并预测趋势。深度学习之父杰弗里·辛顿（Geoffrey Hinton）构造了新算法模型——Caps Net，用胶囊来模拟大脑皮质中的皮质柱并用来储存概念性知识，革命性地将分析还原方法引进神经网络中，这或将在 AI 领域引发范式变革。神经网络由多种不同的算法来生成各种不同的模型，例如，自组织映射网络、反向传播神经网络、感知学习网络、Hopfield 网络等。反向传播神经网络由于具有自组织、自适应、容错性和非线性等特点，使其成为机器学习领域的前沿技术，并且在模式识别、联想记忆、复杂控制等领域得到广泛的应用。以模拟人脑而生的算法模型逐渐增多，这表明算法传播研究也正在向人靠近，与人的交叉程度逐渐加深，同时也体现出了其人文社会科学属性。

另外，认知神经科学的另一种方法——眼动追踪术也被广泛应用于现代传播学研究中。概而言之，眼动追踪术即通过图像采集设备对眼球运动的信息进行捕捉，实现对眼球的跟踪和分析，常常用于具体的传播研究场景，如观影效果研究、电子设备感知等。在大数据技术和算法程序诞生之后，眼动追踪术在新闻传播学研究的应用更偏向于网络信息和互联网广告效果方面。比如胡晓红等对普通的广告观测度和融合眼动特征的广告观测度进行了实验比较，结果表明，相比普遍使用显示反馈和广告自身特征，融合眼动特征来预测广告的观测程度准确性有所提高②。人的内围属性一直被认为是传播学研究中的"黑箱"，而今借着生物技术的发展，传播学逐渐窥见了"黑箱"中的秘密。算法传播作为现代传播学产物，其研究方法融合了哲学思辨、历史求证、法规批判等人文社会科学方法和实证、数据分析、逻辑推理等自然科学方法论，构建了一个新的方法论体系，适应了现代社会科学研究发展的客观需要。

（二）量化分析与质化分析相结合的新研究范式

我们历来把传播学分为两大派：经验学派和批判学派。两个学派研究内容、研究方法、研究立场各不相同，前者以量化分析为主，后者以质化分析为主。量化研究与质化研究最本质的区别在于，量化研究处理的是数字，而质化研究处理的是文本和意义。在量化研究中，被研究的环境、问题往往是预先设定的，而质化研究中被研究的相关问题和范畴是在过程中逐渐显现的。两个学派在研究问题、研究内容、研究立场等各个方面

① 喻国明，李彪，丁汉青，等. 媒介即信息：一项基于 MMN 的实证研究——关于纸质报纸和电纸书报纸的脑认知机制比较研究 [J]. 国际新闻界，2010，32（11）：33–38.

② 胡晓红，王红，任衍具. 基于眼动技术的互联网广告效果研究 [J]. 计算机应用研究，2018，35（05）：1345–1349.

的对立也在一定程度上导致了定量方法和定性方法的对峙。由于以实证主义为代表的经验学派在大众传播学研究中占据主流地位，传播学曾一度出现过度使用量化范式的"分裂式病态"现象。然而，由于近年来大数据技术的发展，以往难以共存的定量与定性方法正在逐渐走向融合。早在 2009 年，哈佛大学的加里·金（Gary King）就指出未来 50 年的社会科学在大数据的支持下，将改变传统的问卷调查、政府统计、深度访谈等实证方法，并促使定性与定量方法的融合①。作为跨多学科的算法传播学，也需要多元研究方法的结合，单一的量化分析或是质化分析都不能立体地展现出其研究的复杂性。以往量化分析的论文多是按照研究问题—数据收集—数据与结果分析的模式来写作，研究者则置身事外，缺乏对社会现象的深入探讨和批判性反思。量化分析与质化分析的结合意味着人文社会科学与物理、生物等自然科学的结合。对数据的追求和对意义的探讨相融合，能够让我们更加全面地认识社会、解释社会。

虽然在 2007 年就有学者使用量化与质化相结合的方法来进行研究，但质化与量化结合成为传播学普遍研究范式却是在大数据技术诞生之后。根据学者秦金亮对国内外传播学研究范式的总结，质化研究与量化研究融合的主要模式有以下几种：次序式融合、平行式融合、交叉式融合、同步主辅式融合、主辅嵌入式融合。在目前的算法传播研究中采取较多的是同步主辅式融合。概括来说，就是根据研究问题的性质确定把一种量化方法或质化方法作为主导方法，其他方法则作为辅助方法同步进行。例如，安德烈亚斯·荣格（Andreas Jungherr）关于推特上政治报道逻辑的研究②，采用了大数据对相关的推特内容进行抓取，获得数据资料，而后又通过对州选举的民意测定，将先前的数据资料与定性的文本资料融合在一起，用定性方法分析来阐释定量研究数据，发现推特上消息的时间动态和内容遵循政治报道的混合逻辑。

质化与量化同步主辅式融合的研究方法要求研究者提前确定研究的性质，选定质化或量化的某种方法为主，在实践过程中可以交叉使用其他方法进行辅佐式验证，同时观察研究数据的变化，及时发现问题、理解问题，以此进行研究。大数据技术出现之后，新闻传播学的研究逐渐向自然科学靠拢，显露出学术研究的机械性和无深度性。量化的方法转向将研究带进了数据的世界，而在一定程度上丢弃了因果和意义世界，这对人文社会科学研究来说并非好事。因此，在意识到数据陷阱之后，人文社会科学的研究者应该即时跳出并理性对待数据，不应盲目使用。面对数据化的网络时代，社会学、新闻学、人类学等包括传播学在内的人文社会科学应该建立一种科学的方法论体系，即同时

① 曾凡斌. 大数据方法与传播学研究方法 [J]. 湖南师范大学社会科学学报，2018，（03）：148－156.
② ANDREAS J. The Logic of Political Coverage on Twitter: Temporal Dynamics and Content [J]. Journal of Communication, 2014, 64（2）: 239－259.

着眼于量与质，并立足以人为本的分析路线，在数据和技术之上循着人文—历史—哲学的思维来进行逻辑分析，将研究的对象转向对社会现象的理解而非对诸如算法推荐、"黑盒"、大数据采集、机器模型分析等技术的揭示。

▶▶ 二、算法传播研究的科学意识与数据问题

（一）方法意识与算法意识

1. 方法意识：算法传播研究的基本思维

传播学与社会学研究相类似，两者都需要客观的经验性。这种经验性的分析除了需要较强的抽象逻辑思维能力之外，还需要大量的具体操作、实地调研以及技术手段等辅助。所谓的方法意识可以从两个层面来理解。第一是从社会学层面理解，方法意识指的就是研究者在探索一个具体问题时或进行研究时，思想上要能够随时意识到"要从方法的角度作分析、判断和选择"①。也就是说，研究者在打算开展研究之前，要从研究方法的角度考虑，否则很多敏锐的思想会因为缺乏正确的方法呈现而夭折。第二则是从"万物流变"的哲学观来理解，没有什么东西是永恒的，一切都是变化着的。即把算法传播的研究方法看作一个动态的、开放的、变化的系统，其方法论特征并非永恒不变，而是不断吸纳的过程。正如大众传播时代的传播学经验派研究方法体系一般，方法的交叉互换与融合是学科发展的需要，也是技术发展的产物，其发展过程是一个"螺旋式上升"的过程。研究方法体系不是绝对完整的系统，也不是追求绝对客观规律的手段，对此，我们应该更加注重研究过程中所具备的批判性和学习性，通过跨学科知识对其研究方法体系进行反思，放弃追求绝对客观化的社会规律。

算法传播研究不仅要解决事实问题，还要解决价值问题。因此，在研究过程中除了追求数据说明的客观研究之外，还应当允许研究者的价值介入，发挥人的主观能动性和学术想象力，将研究问题拉回到与人相关的日常生活世界，以观察人类社会之发展。从表面上看，算法传播因其具有较强的技术性而更靠近自然科学，但从本质上看其研究的范畴依然是日常生活世界和意义世界，其研究语境也与人的生存语境息息相关。研究方法是研究者由已知的此岸达到未知的彼岸而必须经过的一座桥梁，是研究者的一种表达的可能性，是学者进行学术研究应该具备的基本思维，同时也是人文社会科学证明自我存在价值的一种实践手段。研究者应当不断增强自身的方法意识，追求研究问题与研究方法的适配度，寻找最合适的方法，而非最好的方法。

---

① 风笑天．社会学者的方法意识和方法素养［J］．社会学研究，1999（02）：123－124．

2. 算法意识：算法传播的认知成分

算法意识主要包括算法概念和算法意象。概念依赖于语言，是算法研究者经过大量的研究归纳出来的语词定义，是进行算法传播研究所需的基本常识。概念并非一朝一夕形成，而是需要大量研究者经过长时间的研究累积起来的，是该研究领域共有、共通的精神财富，反映了学界自身认识的不断深化。后来的研究者因此得以在已有的基础上进行研究，不必再重复前期漫长的探索过程。概念是人们进行研究不可缺少的认知工具，没有概念的意义共通，研究者在交流思想以及传递认知成果时就会发生极大的困难，阻碍学术研究正常进行。

而意象则是尝试摆脱语言束缚的一种空间想象力，是一种超前反应。正如心理学家克雷奇（Krech）所言，意象分为两种，一种是记忆意象，指对客体的一种主观经验（视觉的、听觉的等）；一种是创见意象，是指对客体的一种主观经验，而这个客体对于经受这种经验的人来说，从没有作为一个实在物而存在过，它是一种想象出来的客体①。简单来说，意象是建立在概念定义和知觉记忆基础之上意识主动建构的产物，同时也是一种极具抽象性的学术想象力。而所谓的算法意象即进行算法传播研究所需要的学术想象力，其特点是能够将学科信息集中起来进行同时的、整体的加工，利用抽象能力将信息进行编码—解码，具有一定的创造性和智能性。从算法、大数据、平台等技术性概念入手，通过算法意象将其作为认识客体，再抽象出其背后的社会系统、算法困境以及人类的数字化生存，进而发现研究问题。算法意象和算法概念之间是互相促进、互相转化和互相补偿的关系。方法意识和算法意识是研究算法传播的科学意识和创新性思维，同时也是一种科学精神。无论是量化还是质化，无论是抽象还是具象的研究，只要我们是在探究社会的本质，就应该具备某个领域的科学意识。

（二）数据采集与数据层级

1. 数据采集

网络数据采集是数据新闻生成的基础和前提。从算法传播的方法论体系来看，算法传播的数据采集主要依靠在线爬取数据或者以合作的方式从平台中获取，经处理后提供给各个相关的研究领域使用。目前，基于算法技术的数据采集方式主要有三种：

（1）公式化程序采集

公式化程序采集简单来说就是全体数据采集，不用设置过多的筛选条件，只需要通过已构造的算法公式来获取初始资料，是最基本的数据采集方式。在这一过程中，算法是一个中间媒介，将输入信息按照程序加工之后输出信息。从纯数学的角度来看，算法

---

① 章士嵘. 认知科学导论［M］. 北京：人民出版社，1994：143.

相当于一个已知的简单数学公式：$f(1) = 2, f(n) = 2f(n-1) - 1$，而我们收集来的信息即这个公式所产生的一系列数的集合（2，3，5，…）。从源代码角度来看，算法数据采集即把数学公式思维运用到计算机语言中，利用 Python 编写的爬虫软件收集数据。例如，以"获取微博热搜和百度热搜榜的内容及排名"为目标的爬虫收集，确定目标之后，我们首要做的即选择一个公式或者模板——requests + beautifulsoup，用 GET 的方式选取目标网页源代码，把访问结果的文本放到 beautifulsoup 中，再重复使用内置定位"select"确定标签位置，获得列表和子标签，最后输出便可以获取文本。在这个过程中，所有的工作都由已经设计好的公式指挥进行，我们只需要确定使用哪个公式或是哪个模板，再用计算机语言告诉服务器该怎么走即可，最后获取到的文本资料就如数学中利用已知公式所获取的集合。以上例子是爬虫中最简单的数据采集方式，也是后续采集所需要熟知的思路和步骤，在这里说明只是帮助初入门的研究者了解算法传播中的基础数据采集方式。

（2）分层式采集

分层式数据采集是国内运用比较多的数据采集方法，也称分布式数据采集算法，其模型（如图 3-2）是针对解决集中式问题而提出的。模型自上而下分为代理层、收集层和存储层。代理层负责日志、文件、数据库等数据的采集，并根据路由规则将采集到的数据推送给收集层；收集层主要负责将代理层的最小运行单位发送的数据写入存储层；存储层则通过 HDFS 和 Kafka 提供存储服务和数据缓存服务。目前，已有学者在分层式数据采集模型的基础上提出了动态化的分层分布式数据采集算法，该算法引入了域内采集和域间采集机制，通过利用移动 agent 基于节点域拓扑次序的动态域内算法，缩短了采集时间，减少了数据采集的负载[1]。虽然分层式数据采集模型的相关研究多集中在计算机科学领域，但随着近年来传播学与计算机科学交叉程度逐渐加深，传播学研究者需要了解基础的数据采集方式和模型，才能帮助他们更加科学地获取数据，也可以提高他们在运行模型采集数据的过程中对数据的敏锐力，及时发现数据错误并纠正。

---

① 谭兴丽，唐学文，王美阳. 一种动态分层分布式数据采集算法 [J]. 计算机应用研究，2012，29（12）：4691－4693.

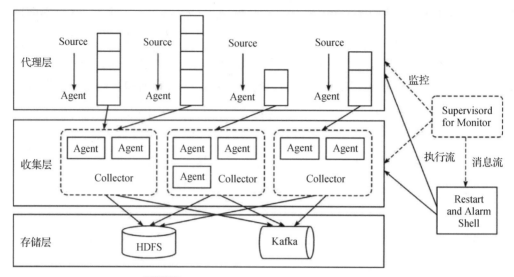

图 3-2 基于 Flume 的分层式数据采集模型

（3）数据库采集

不论是业界还是学界，数据库采集目前都是新闻传播学领域最常见的信息收集方式。数据库是建立在前两种采集方法之上的数据信息集合体，库中的信息采集和信息存储都依赖于相应的算法程序，同时算法新闻的信息文本制作也依赖于完善并已经投入使用的新闻数据库。以人民日报数据库与算法新闻生成为例，可以更清楚地看出数据库采集与算法传播之间的相辅相成关系。人民日报数据库是全国舆情信息库，在舆情监测和分析研究领域处于国内领先地位，其包含了国内要闻、国际要闻、视点新闻、经济新闻、文艺批评、交流等专题，容纳了海量信息，是一座巨大的资料库。从内容生产的角度来看，算法新闻的内容制作多数是从人民日报数据库等电子资料库中选择信息文本，再利用计算机语言程序生成具有新闻意义的文本，而后在一定范围内通过线上线下平台进行个性化的新闻发布。迄今为止，国内外研究者已经研究出了许多数据采集方式，网络数据爬虫技术也在不断化繁为简，意味着算法传播研究在收集数据方面越来越容易操作，这就为算法传播理论研究提供了一定的实证支撑。

2. 数据层级

在数据化时代，数据规模越来越大，而算法传播以数据为基础，面对如今网络中存在的大量杂糅数据，对数据进行合理的层级划分是必要的。借鉴中国人民大学新闻与社会发展研究中心研究员塔娜"自下而上"的划分方式，可以把数据分为以下三层：

（1）基础数据

第一层是基础数据，主要由平台保留的用户基础行为数据所组成，例如，浏览器的搜索历史、网购平台的购物记录、浏览记录、使用时间、在线时长等。这些数据是用户自主行为所遗留下的数据,没有发生交互性,是大量的用户习惯数据。此类数据也可以被认为是平台与用户的一种交易信息,用户以此类习惯行为来换取平台的使用权,平台则拥有收集、记录此类信息的权力。这一过程是全自动化的,不需要作为主体的用户或平台方参与。数量庞大、种类繁多是基础数据的特征,所以在使用此类数据时常常需要研究者进一步删除、整理。

（2）中间数据

中间数据是用户主动生产的数据,即 UGC 数据（User Generated Content,用户生产内容）、PGC（Professional Generated Content,专业生产内容）、PUGC（Professional User Generated Content,专家生产内容）等。比如知乎问答、小红书种草、豆瓣讨论、微博互动、抖音短视频、丁香医生知识科普等。中间数据生产过程中,普通用户、专家用户、职业用户既是内容生产者、传播者,也是消费者,数据与用户发生了交互行为,产生了关系数据。中间数据往往是新闻传播研究的重要数据,通过对中间数据的收集和分析,可以了解用户的态度、行为趋势,从而为广告传播提供准确的参考。此外,依托用户互动数据,还可以帮助研究者理解社区传播、组织传播等网络群体传播现象。中间数据是一种关系数据和行为数据,与现代网络传播学联系最为紧密,是研究者研究网络传播行为所必需的数据。

（3）高阶数据

高阶数据分为两类:一类是一旦遭到破坏、非法利用就会危害到公共利益的数据,这类数据一般掌握在国家、政府手中,具有社会道德伦理属性和极度隐秘性,不轻易用于学术研究;第二类则是通过采集基础数据和中间数据之后进行处理、分析得到的具有结论性的数据,这类数据常常用于社会传播研究,它可以帮助研究者了解传播现象背后的形成机制。例如,某一事件形成的网络舆情研究,通过算法采集模型采集数据、分析数据之后,就可以了解舆情引爆点、数据背后隐藏的用户情绪、行为特点等,进而预测舆情拐点,引导舆论。

▶▶ 三、算法传播研究方法与知识贡献的价值探讨

算法作为大数据时代复杂的技术组件,具有隐蔽性和内嵌性,即算法无论是在运作过程还是在控制内容传播过程中都不会"显现",因而在研究过程中需要研究者抽丝剥茧,找到算法、规则、人、传播之间的相互作用和相互关系。这就意味着算法传播的研究内容具有高度的抽象性和创造性,而热衷于各类"数据统计"和"数据分析"的研究方法能否真正被应用以及如何应用到实际研究中,这还有待商榷。例如,在计算机视觉化与新闻传播学相结合的研究领域,通过各种先进工具采集数据、分析数据,最后得

出一个可视化模型和一个常识性结论，这样的研究是否属于知识性研究？在柏拉图看来，知识是具有概念性的，比如"2+2=4"是真正的知识，而类似于"雪是白的"这样的陈述并不算知识。利用数据工具分析产生的结论本质上还是一种工具，并不能达到"存在"层面，也就无法达到真理。每一种知识的产生都在于思索，而不在于"观""听"等感官印象，从这个意义上说，某些通过采集数据—分析数据—概括出一般性结论的量化研究并不是真正意义上的知识，而是帮助我们得到知识的工具。正因如此，高度依赖大数据技术和软件分析的算法传播研究方法体系是否能满足算法抽象化的研究，成为新的问题，新一代的研究方法与知识贡献的争议也就由此而来。

（一）方法论与知识贡献的价值争议

大数据介入到新闻传播学研究之后，使新闻传播学的研究方法发生了革命性变化。随着大数据与新闻传播学之间的连接越来越紧密，学界开始对"令人眼花"的各式新型研究方法进行理论和意义上的探讨。大数据采集数据、分析数据的算法模型程序设计上承袭于传统的归纳分析方法，归纳分析方法遵循实证分析原则，通过实验、观察、收集和分析数据来验证假设命题。这样的方法在大范围应用到智性研究之后，引起部分学者质疑。事实上，传播学研究中一直存有研究方法对知识贡献的争论，只是大数据介入之后，争论变得愈加明显。争论主要围绕两种常见的否定话语和肯定话语进行。否定性话语表述认为通过科学的研究方法可以为研究提供具体且规范的路径和真实的数据，但同时也容易产生模板化的研究，例如，现在的一些文章往往遵循数据采集—数据分析—结论的模板进行，仿佛只要有数据就是客观，就是真实，且分析数据得到的结论只是一些简单化的数据总结，这对属于人文社科类的传播学来说是不切合实际的。这类表述认为，单纯引入一些简单的统计或者分析，只是构成了一些形式上的方法规范，并未产生任何实质性的知识增量，此外，有学者认为过于规范化的研究方法会束缚研究者的思路和想象力，导致研究缺乏洞见与趣味。依赖规范化的研究方法展开研究，容易走向"方法至上"。比如有些学者在进行某项研究时，会首先考虑运用哪种方法好分析、好写、好做出成果，再去想什么样的问题适合用选定好的方法进行研究。这样本末倒置的研究思路会使研究缺乏个性，从而落入俗套，难以产生创新性研究。

肯定性的话语表述认为，大数据技术的引入开辟了一条行为数据的研究途径，为相应领域的研究开拓了新的知识生产方式。数字化时代下，数据已经成为人类行为的"反映器"，利用算法模型采集数据、分析数据就是在分析现代网络居民的社会行为，因此数据具有极大的价值意义，且现代化的方法在其中起到了一个至关重要的作用。有学者认为，以数据为源头、以信息为载体的知识发现模式（数据—信息—知识），正在逐步形成；并且在计算机发展导向中，数据挖掘和机器学习能提供一个自动的无须人为干预的知识发现系统，该程序可以通过提供结果来促进科学发现[①]。黄欣荣认为，大数据使以往的学术研究从仅追求因果性走向了重视相关性，提出了"科学始于数据"的知识生产新模式，增添了发现问题的逻辑新通道[②]。依赖于数据的研究方法对现代网络社会的人文科学研究是有助益的，可以帮助研究者打开微观网络社会研究的大门，让研究者在其中探索，从而发现新的社会问题，提出具有创新性和个性化的观点。

（二）回归问题本身和问题语境

在对方法论与知识贡献的价值争议问题上，有学者认为应当回归问题以及研究问题语境，先去掉已经技术化的方法论，以研究问题为导向，以问题语境为具体环境，以此来回应社会传播现象的复杂性，这对那种貌似科学的"现象主义"研究是一种反驳，是方法和理论自觉的表现[③]。立足于研究问题的语境，才能使研究"走在路上，不至于被眼花缭乱的技术方法论带着飞"。语境即学术话语生成的环境，具有双重指向性，是地域—空间性与时间性的汇集之所，具有学术价值的理论研究往往立足于语境，呈现出显著的时代性和突出的问题意识。如若研究不立足于具体语境，只是一味追求方法上的科学，那么学术界就难以产出具有时代价值的研究，从而沦为"方法的奴隶"。

此外，近年来，传播学研究在研究方法上偏向于向国外看齐，有学者认为只要与西方传播学研究方法同步，国内传播学研究就能与西方衔接。实际上，研究方法的使用应以研究具体语境为准，并不需要一味追求与西方同步。中西方的新闻传播政治语境不同，研究方法和研究方向自然也不相同。一直以来，中国新闻传播界奉行的都是马克思主义新闻观，即使是在如今的大数据时代也依旧如此，而西方所遵循的是"米尔顿式的新闻自由"，两个不同的新闻政治语境将研究引向不同方向，研究方法服务于研究问题和研究内容，因而中西方的研究方法在实际使用过程中并不适配。国外传播学具有美国实证主义的具体语境，因而更重量化，而国内的新闻传播学在一定程度上更偏向诠释，中国传统意义上的研究方法，十分注重从总体上进行研究。

实质上，无论是人脑感知实验，还是眼动追踪术，抑或是知识图谱式的分析，都是认识问题的一种辅助手段、一种工具，科学规范的方法论能让这类工具发挥出更好的作用。"方法是否重要""方法对知识贡献是否有价值"这样的争论或许会一直存在，研究者应当剥去争论的外衣，不必再纠结于表面化的"方法合法性论证"，而应该聚焦于方法的具体操作层面，重视方法在操作过程中的具体细节。毋庸置疑，方法是知识生产

① 李琳. 基于归纳实证主义方法论的大数据知识生产研究［J］. 太原理工大学学报（社会科学版），2020，38（03）：75－80.
② 黄欣荣. 大数据对科学认识论的发展［J］. 自然辩证法研究，2014，30（09）：83－88.
③ 张涛甫. 方法"祛魅"［J］. 新闻大学，2019（09）：3.

的工具，没有方法我们就无法表达问题，也无法将问题操作化。方法与知识的关系，就如同人的感官和心灵的关系，人的感官负责感受真实的外界，而人的心灵负责在此基础上进行思索，向真理靠近。同时，研究者也应该意识到新出现的算法传播研究在技术发展的推动下，还将面临着研究方法如何规范化、如何向高阶层迈进、如何与其他学科方法相融的要求和困境。

▶▶ 小　结

　　算法传播研究的研究方法多承袭于传播学中的经验学派以及由互联网技术、大数据技术、智能技术推动产生的计算社会科学方法。在大数据时代，"数"是新闻与传播学研究社会传播现象不可少的"文本"，透过数据观察隐藏在背后的人类社会行为、社会情绪已经成为传播学研究的新路径。而这一新研究路径中，算法担任着数据采集、分析、自动新闻生产的重要角色。可以说，大数据时代的到来深刻影响了人们对社会的认识，同时也为新闻与传播学的研究方法革新带来了巨大的动力。新闻传播学研究通过引入计算社会科学的研究方法，开拓了传播学新的研究领域与研究方向。

　　首先，大数据及网络爬虫工具的出现让我们对当代传播学的研究数据有了新的认识。以往的传播学实证研究主要基于少数代表性样本的调查，缺乏普遍性特征。而在大数据条件下，研究者可以在短时间内收集全体数据，并利用分析软件进行科学化分析，这些都是传统实证研究所不具备的。其次，传播学研究者可以利用多种渠道获取数据。我们生活在一个行为数据极其丰富的世界，每天每个人都会生产出海量数据，传统的人工收集方法显然已不能满足。大数据技术出现后，通过算法程序建立的数据采集模型不断增多，且日渐完善，这为研究者获取数据提供了极大的便利。再次，大数据技术的出现促进了定量范式与定性范式的结合。在以往的传播学研究中，定量与定性研究处于"水火不容"的状态，但随着大数据的出现，可视化变为可能，为研究者的思辨分析提供了客观事实。最后，交叉学科的视野将心理学的脑认知实验和自然科学的眼动追踪术引入研究，使当代传播学的研究方法更加科学化、客观化。

　　算法传播的研究方法是计算社会科学方法在新闻传播学应用的具体体现，它遵循多元主义范式，进入了一个符号主义范式、认知心理学范式、自然科学范式和行为主义范式并存的状态。与目前其他人文社会科学的研究一样，算法传播研究已经背离一元主义方法论，走向多元主义，因此，在算法传播研究中并不存在一个占据绝对主导地位的研究方法。多元化的方法论适应了算法传播研究的广泛议题和跨学科视野，为算法传播理论研究提供了科学路径。

【思考题】

（1）大数据技术是否可以作为一种新的方法论？它作为方法论的理论基础是什么？

（2）在人类行为高度数据化的今天，传统的实验室实验法、田野调查法是否会消失？

（3）算法传播研究方法的规范化是否会导致以后的算法研究进入以"数据为王"的阶段？

 【推荐阅读书目】

[1]《传播学：学科危机与范式革命》，胡翼青著，首都师范大学出版社，2004年版.

[2]《传播的进化：人工智能将如何重塑人类的交流》，牟怡著，清华大学出版社，2017年版.

[3]《社会学研究方法》，风笑天著，中国人民大学出版社，2022年版.

[4]《传播网络分析导论》，刘于思著，西安交通大学出版社，2017年版.

[5]《传播统计学》，柯惠新、祝建华著，北京广播学院出版社，2003年版.

[6]《三种文化：21世纪的自然科学、社会科学和人文学科》，杰罗姆·凯根著，王加丰、宋严萍译，格致出版社，2014年版.

[7]《社会研究方法》，艾尔·巴比著，邱泽奇译，华夏出版社，2018年版.

[8]《社会研究方法：定性和定量的取向》，劳伦斯·纽曼著，郝大海译，中国人民大学出版社，2007年版.

[9]《方法论哲学导论》，凯利·E.豪威尔著，宋尚玮译，科学出版社，2019年版.

[10]《跨越网络的门槛：社交媒体上的信息扩散》，王成军著，科学出版社，2022年版.

参考文献

[1] 喻国明.大数据分析下的中国社会舆情:总体态势与结构性特征——基于百度热搜词(2009—2012)的舆情模型构建[J].中国人民大学学报,2013,27(05):2-9.

[2] 丁睿豪,夏德元.传播学视角下算法推荐研究的学术场域——基于2010—2019年新闻传播学文献的Citespace可视化科学知识图谱分析[J].新闻爱好者,2022(01):16-21.

［3］JB MICHEL, KS YUAN, AP AIDEN, et al. Quantitative Analysis of Culture Using Millions of Digitized Books［J］. Science（New York, N. Y.）, 2011, 331（6014）：176 - 182.

［4］喻国明,李彪,丁汉青,等.媒介即信息：一项基于 MMN 的实证研究——关于纸质报纸和电纸书报纸的脑认知机制比较研究［J］.国际新闻界,2010,32（11）：33 - 38.

［5］胡晓红,王红,任衍具.基于眼动技术的互联网广告效果研究［J］.计算机应用研究,2018,35（05）：1345 - 1349.

［6］曾凡斌.大数据方法与传播学研究方法［J］.湖南师范大学社会科学学报,2018,（03）：148 - 156.

［7］ANDREAS J. The Logic of Political Coverage on Twitter：Temporal Dynamics and Content［J］. Journal of Communication, 2014, 64（2）：239 - 259.

［8］风笑天.社会学者的方法意识和方法素养［J］.社会学研究,1999（02）：123 - 124.

［9］章士嵘.认知科学导论［M］.北京：人民出版社,1994：143.

［10］谭兴丽,唐学文,王美阳.一种动态分层分布式数据采集算法［J］.计算机应用研究,2012,29（12）：4691 - 4693.

［11］李琳.基于归纳实证主义方法论的大数据知识生产研究［J］.太原理工大学学报（社会科学版）,2020,38（03）：75 - 80.

［12］黄欣荣.大数据对科学认识论的发展［J］.自然辩证法研究,2014,30（09）：83 - 88.

［13］张涛甫.方法"祛魅"［J］.新闻大学,2019（09）：3.

第四讲

算法传播的跨学科视野

　　算法传播具有明显的交叉学科的属性，它的发展与计算机科学、神经科学、社会学、伦理学、管理学、文化学、政治学等学科领域关系密切。基于社会科学的视角，人类学家尼克·西弗（Nick Seaver）提出算法是多元传递模式下的一种技术制度和文化实践①，这提示我们不能仅从单一的角度理解算法传播，而是将算法传播看作是一个社会过程，要将其从"数学化"的机械逻辑中抽离出来，并延展至社会科学的多元流派和范式中。算法具有双重属性，其技术特性和文化属性为社会科学提供了更加广阔的研究方向。目前传播学者研究算法传播主要围绕算法推荐、算法新闻、社交媒体、智能算法等具体现象及其带来的社会价值、社会风险和社会治理等具体内容，对多学科背景下算法传播的研究现象还有待深入。因此本讲从算法传播的跨学科视角出发，分别从深度媒介化社会、人机伦理关系、媒介文化属性、算法社会治理、认知神经传播学科和新型算法政治样态六个方面出发，探讨算法传播涉及的跨学科现象，以期丰富社会科学对于跨学科视野下算法传播的研究内容。

▶▶ 一、算法传播与深度媒介化社会

　　算法本身是一种媒介，在社会"媒介化"的进程中，算法媒介让媒体融合不再局限于内容方面，而是发挥了媒体激活、连接和整合各种社会要素、商业要素、文化要素的功能，算法引发了传播逻辑、传播机制和传播模式的变革，也深刻重组了社会的方方面面。德国学者安德里亚斯·赫普（Andreas Hepp）指出，大数据时代，媒介技术变革下数字技术的应用标志着人们进入深度媒介化社会②。

　　"深度媒介化"概括了媒介化在数字时代的新特征，那么何谓深度媒介化？喻国明指出："深度媒介化是不同于'媒介化'的理论与社会发展的全新范式：以互联网和智能算法为代表的数字媒介作为一种新的结构社会的力量，其作用于社会的方式与以往任何一种'旧'媒介不同，它下沉为整个社会的操作系统，所引发的是更根本性和颠覆性的社会形态的巨大变迁。"③ 过去的传播媒介形态包括只能传播具有群体价值内容的物理介质和能传播具有群体性价值、个体化价值内容的关系介质，但这两类媒介形态的整合作用是有限度的。人类社会生活的实践对媒介形态产生了更高的要求。算法技术的发展让人与物之间出现了新的连接方式，由此产生了新的关系媒介。算法媒介借助互联网和智能算法能起到一种人与物、人与技术之间的连接作用，可以整合多种社会资源为

---

① SEAVER N. Algorithms as culture: Some tactics for the ethnography of algorithmic systems [J]. Big data & society, 2017, 4（2）：1－12.

② ANDREAS H. Deep mediatization [M]. Routledge, 2019：5.

③ 喻国明. 元宇宙就是人类社会的深度"媒介化"[J]. 新闻爱好者, 2022（05）：4－6.

人们所用。

从"媒介化"到"深度媒介化",算法不仅仅是内容传播的渠道和手段,也成为社会组织架构重建的基础工具。那么算法新媒介究竟如何重构社会基本形态?社交媒体促进了社会网络化的转型,荷兰学者何塞·范·迪克(José van Dijck)将这种互联网平台重塑社会生活的社会现实概括为"平台社会"①。如人们的消费、娱乐、社交、教育、问诊等生活场景平台化;扫码支付、人脸识别、智慧医疗、健康码等生活工具数据化。人不仅生活在现实世界中,也生活在平台媒介里,平台塑造了新的人际交往方式,改变了社会生存模式。平台化和数据化是社会深度媒介化的重要特征,我们可以按照不同的划分依据将数字生活分为不同的层次,从政治、经济、文化、社会生活四个维度来看算法给社会带来的深度媒介化变革。

从政治维度来看,算法改变了民主投票的方式,数字政府和政务媒体的建设进一步保障了公民表达权和信息获取的知情权,推动了新型政治样态的发展;从经济维度来看,算法推动了"共享经济"的发展,出现了"直播带货"等新商业模式,改变了传统的经济模式;从文化维度来看,算法促进了"AI写作机器人"文化创作新方式的出现,冲击了传统文化创作和生产出版模式;从社会生活维度来看,算法的引入促进了社会管理的数据化,为社会管理形式带来了新的可能。智慧健康码便是社会治理深度媒介化一种实践,算法媒介将社会生活里一切可能的因素都变成了算法上可以控制的数据变量,并将各种可预知的风险降到了最低,最大限度地保障了社会的安全和稳定。深度媒介化的出现改变了我们的生存与生活方式,数字化生存将成为深度媒介化社会的常态。

未来的深度媒介化是将数字媒介都联网成片聚合在一起,形成一个人类实践的、人类生活的真正平台级的场景。"场景化"将成为媒介构建社会形态的最高形式,而元宇宙是场景化的自然延伸,在一定程度上可以理解为人类社会的"深度媒介化"。从本质上来说,元宇宙是数字革命以来发明的全部技术与社会现实融合发展的全新文明形态,在升维意义上为未来互联网发展的全要素融合提供了未来的整合模式。那么何为元宇宙?通俗而言以电影《头号玩家》为例进行解释,在一个名为"绿洲"的元宇宙空间,人们通过入口设备就可以进入"元宇宙"。不同于VR、AR等虚拟空间终究要回归现实的游戏体验,在未来元宇宙中,人们的一切行为和活动通过技术的发展或者规则的制订可以和现实社会相连接,其"兑换"机制更强。不同于传统的游戏模式,元宇宙中有各种强连接与高度还原现实生活的场景,人们在这里可以通过无数次的"复活"与重

---

① 何塞·范·迪克,孙少晶,陶禹舟.平台化逻辑与平台社会:对话前荷兰皇家艺术和科学院主席何塞·范·迪克[J].国际新闻界,2021,43(09):49-59.

来不断提升自己某方面的技能，返回现实社会生活中同等适用。相较于现实生活中高昂的试错成本，在元宇宙中的消耗只与现实生活中的时间成本相等同，人们可以得到更多满足。由于它的角色扮演、场景化体验和整个激发的过程具有灵活性和丰富性的特点，成本节约的同时人们的潜能也有可能被最大限度地激发，人人都将发现自己的某种潜能，电影男主角也正是通过在"绿洲"中的成功实现了现实社会中普通人的"逆袭"。社交代币化正以金融化的逻辑培育着 Web 3.0 的粉丝群体和经济，在社交代币机制的驱动下，未来元宇宙中的社交、文化、游戏等也将迅速孕育出商业模式。德籍女华裔艾琳·洛雷夫在"第二人生"虚拟世界中经营地产，通过林登币与美元的兑换，在两年时间内成为虚拟世界造就的首个百万富翁，未来元宇宙与现实社会钱币的兑换方式将更加便捷。

传统社会的圈层化生存模式是社会组织化形成的，那么未来元宇宙中规则的制订和行为的约束按照何种逻辑来构建，其合法性由谁来界定？如果未来人们都沉浸在新兴技术的多维感官体验下自我满足，现实社会里的生产劳动关系应该如何转变，自我行为的合法性如何界定以及个人对自己的行为如何负责等，都应纳入研究范畴。算法和大数据呈现的伦理问题也预示了未来元宇宙的潜藏困境，如何保持人的独特性，坚持以人为本的伦理观将是元宇宙时代的第一个伦理问题，此外还有涉及法律、模糊地带的隐私问题。在未来深度媒介化的社会里，元宇宙的探索仍处于初始阶段，也将是一个循序渐进的研究过程。

▶▶ 二、算法传播中的人机伦理研究

人类在享受智能时代便捷生活的同时将许多个人的决策权交给了算法，正如大卫·贝尔（David Beer）所言"算法成了我们生活的代理人"[①]，人工智能成为人类生活中不可或缺的部分。人首先离不开衣食住行的基本生活需要，人工智能与生产生活消费紧密相关。我们的购物不再局限于线下商铺，淘宝并没有库存而是通过算法来连接购买者和生产者；我们的订餐不再受限于时空成本，美团不生产食物而是使用算法连接了商家、客户和外卖平台，将食物配送到客户手中；我们的租房不再拘泥于房屋中介的二手信息，平台不租售房子而是使用算法连接了房源提供者和房屋租订者，提供可靠的房源直供者的内容信息；我们的出行不再担忧交通工具的选择，高德地图不提供出租车而是用算法连接司机、乘客并提供路况信息，通过计算规划出一条最优出行路线方案和提供出行工具选择。人机共生是人工智能时代的一种常态，人工智能科学家们在这一方面已经

---

① BEER D. The social power of algorithms [J]. Information, Communication & Society, 2017, 20（1）: 1-13.

达成共识，而人机关系也会成为未来必须要面对的关系，所有与智能技术应用的伦理和原则本质上来说都是人与机器的关系。

人对算法依赖性的加深和算法对社会主导性的增强诱发了人机关系中的伦理冲突，算法种种便捷关系的背后潜藏着人工智能对人类社会控制权的占据加深，人工智能冲击了人的主体性地位。从 2016 年人工智能程序 AlphaGo 对战韩国围棋名将李世石让 AI 算法初露锋芒，到如今自动驾驶、医疗诊断、AI 新闻、算法决策的蓬勃发展，"人类是否会被人工智能取代"这个问题持续被大众热议。目前算法对个体带来的影响已经远不止认知层面，算法很多时候辅助人们在不同场景下进行决策，甚至直接代替人们做出至关重要的决定：银行参照算法结果决定房贷额度，企业借助算法筛选聘用员工，智能影像分析系统帮助医生做出决策，算法辅助司法裁判给嫌疑人量刑。社会生活从数据化向算法化迈进，人们在享受算法带来便捷的同时，如果始终顺应个人的惰性将决定权让渡给算法，那么人在思考力降低的同时将掉入算法的陷阱，逐渐失去对社会的主导性。正如阿道司·伦纳德·赫胥黎（Aldous Leonard Huxley）所言，"人们渐渐爱上压迫，崇拜那些使他们丧失思考能力的工业技术"。人们沉浸在算法辅助决策减轻思考的满足之中，对于自己成为算法囚徒的现状浑然不知。随着人工智能的不断完善，算法之于人不再仅仅是发挥判断、分类、预测这样的"弱人工智能时代"的功用，而是僭越人、物之间本体论的意义，在社会生活的层面塑造新的人机关系。

人与算法的冲突焦点原本是人机伦理中的主体性之争，但算法伦理的缺失加深了人与算法关系的异化。一方面算法"黑箱"导致了人机关系的疏离。算法本身是为解决问题而进行的计算机操作规则的一系列步骤，大致分为数据输入、吞吐和输出三个流程，数据吞吐阶段所涉及的技术繁杂且用户无法得到具体解释，形成算法"黑箱"。人们无法从所得结论反推算法的运算过程，算法结果的合理性缺乏解释，智能决策难以归因。并且，中心化的数据库垄断了私人数据，科技公司借助支配优势为商家服务。信息引导消费的现象层出不穷，降低了人机之间的信任程度，引发人们对商家差异化对待的不满。如携程旅行的差异化定价行为背后是"大数据杀熟"现象，同种商品不同时间段内在新老用户的客户端上显示的价格不同，出现了价格歧视和消费不公平，人与算法之间的隔阂随着算法伦理问题的出现不断加深。另一方面算法偏见让人们陷入算法焦虑。依托算法形成的个性化内容推荐和新闻热度排行榜单削弱了人们搜寻获取信息的主动性，人们沉浸在算法推荐所带来的便捷体验中。长期以来人们对于算法的隐蔽偏见处于未知状态，对算法持有一种客观中立的刻板印象。但随着新闻对各种信息泄露事件的报道，个人发现在生活中随意提到的信息被算法生成关键词继而为其推送相关内容，部分群体开始意识到自己处于数据痕迹暴露、隐私被算法监控的状态。人们会因时刻受到算法监控感到不安，甚至产生"我看到的世界是算法呈现的世界"的认知，害怕掉入算法搭建的价值陷阱。

与此同时，人们对被算法操纵而引发的人机关系冲突也感到不安。算法数据来源于社会现实，算法的搭建过程掺入了研发人员的价值观和思维方式，加之商业利益的驱使，在多重因素的影响下算法难以避免主观性保持绝对中立。如《人物》的一篇关于外卖骑手困在系统里的深度报道引起对人机冲突的热议。新型供需关系下平台提供给外卖骑手社会劳动生产的工作机会，双方达成一种新型劳动关系。但在算法的劳动支配下，原本可见的雇佣关系和社会关系正在消失，取而代之的是平台毫无预测和断续零散的劳动过程和时间分配，这种零散的劳动并不意味着个人时间掌控力的增强，相反外卖骑手被困在平台接单的算法里难以发挥主观能动性。平台算法对外卖骑手的裹挟存在一种潜在的剥削关系，平台的运转逻辑背后潜藏着权力的痕迹。

"人机共生"已经成为21世纪人类面临的新议题，与算法共同构建人类美好生活也成为必然趋势。未来算法与人工智能将进一步嵌入到社会之中，与人们产生更深的交集。算法冲击人的主体性地位已经成为不可逆的现象，我们需要思考人与算法相处的新模式。不同于以往人机协作的关系，机器不再仅仅是辅助性的工具和手段，还能将数据运算与认知、情感相结合，将优化结果与价值判断相结合，通过技术模拟人的思维方式，将人的需求和策略转化为机器的感知和执行力，解决人类智力和体力所不能及的问题，人工智能时代的到来衍生出了人、机、环境共同作用下的新型"人机融合"的智能传播关系。但我们不能只把算法看作孤立的可以自主决策的机器，人的存在先行于物的存在，算法本身无所谓善恶之分，做出价值判断和价值赋予的是人，要通过设计算法向善把握算法的不同本质来赋予算法人的意向性。正如哲学家所说："人类最好把价值判断留给自己，这也是保持人类对机器的独立性乃至支配性，我们不能什么都依赖机器，把什么都'外包'给机器，更不要让全人类在智能、精神、价值判断领域里依赖机器。"无论人与算法形成哪种新型关系，我们始终要坚守人的主体性价值，理解算法的本质呈现，警惕成为算法囚徒。在提升自身的算法素养的同时尊重算法的技术地位，在找到人与算法之间信任的平衡点中达成人机和谐共处的模式。

▶▶ 三、算法传播中的媒介文化研究

算法技术促进了文化知识生产，加快了文化传播效率。人工智能颠覆了传统的文化生产模式，文化生产行业呈现出一种自动化、简单化、量产化、高效化的特征。人们充分享受着智能技术在文化生产领域中带来的便捷，越来越多地把文化工作委托给计算过程，利用算法对人、地点、物体和思想进行分类，这一转变改变了以往"文化"类别

的实践、经验和理解方式。如人类学家尼克·西弗（Nick Seaver）所说，"算法不仅是文化生活的一部分，并且已然成为文化实践本身"①。算法不仅仅是文化传播的媒介，算法本身成了一种媒介文化，它推动了文化的流动与传播的同时，也塑造了新的文化。算法传播成为一个影响我们的选择、想法的复杂文化过程。算法也由纯粹的技术工具渐渐成为一种传播常态，并演化为一种特殊的文化形式，即"算法文化"。

"算法文化"这个词最早是以一种算法意识，作为章节标题的名字出现在 2006 年亚历山大·加洛韦（Alexander Galloway）出版的一本书中。2012 年，泰德·斯拉伯斯（Ted Striphas）提出了"算法文化"的说法，将其定义为"利用计算过程对人、地方、物体和思想进行排序、分类及分级"②。到 2015 年，斯拉伯斯发表的一篇文章真正开始把"算法文化"这个术语更紧密地聚焦在文化的理解层面，并提出了三个关键词说明算法文化的特征。算法文化具有一种独特的循环性和包涵性，算法对越来越多的文化进行解释、响应和塑造，而被精心打造出来的文化也越来越带有算法化的标签。如拉图尔所言，"即使是最厉害的程序员，在文化转码的过程中也会将文化'翻译'成自己的一种语言表达出来"。算法在文化媒介的输出过程中，并不是完全"中立"的工具，受到算法研发人员和商业资本等多种因素的影响，不可避免地"异化"生成了其他新形态媒介文化。

平台文化是一种典型的新媒介形态文化。抖音、快手、小红书作为形成媒介文化的重要媒体平台，其平台上的短视频内容生产已经成为一种重要的媒介现象。短视频伴随着市场经济发展起来，成为一种带有意识形态的文化商品。一方面短视频内容创作促进着文化多样性的发展，不同地区用户基于各自的生活在平台上分享自己的视频内容，平台也制订了一系列创作奖励机制鼓励用户创作行为，极大促进了各地的风土人情、民俗文化的传播；另一方面也引发了文化同一性的困境，平台的算法技术通过大数据的抓取为用户进行个性化推荐，平台充当着文化内容的"把关人"，决定了平台文化产品的可见性。例如抖音平台的内容推荐机制，通过计算和分析浏览时间、点赞量与评论数量，用算法锁定用户的喜好类型，持续推送相似类型的视频内容，长此以往，人们接受信息的多样性受损，审美趋于固化、同一，容易陷入"信息茧房"的困境。从数字文化到算法文化，人们看似有很多选择，实质都是算法"可计算"框架下的被动选择。平台成为人们最主要的信息接收场，算法定义了平台文化生产的美学原则，大众的审美标准

---

① SEAVER N. Algorithms as culture：Some tactics for the ethnography of algorithmic systems ［J］．Big data & society，2017，4（2）：1−12.

② STRIPHAS T. What is an Algorithm?［EB/OL］．［2012−01−30］（2015−04−05）．https：//www.thelateageofprint.org/2012/01/30/what-is-an-algorithm/.

被平台和算法影响。算法排序正以一种隐蔽的力量形成文化品位的高低分层与区隔，强化了层级文化间权力的不均。

新型文化资本形成过程具有特殊性，导致其具有不同于一般文化资本的特性。算法驱策下的文化生产平台化转型，不仅是一种文化产业生态的转变，也是平台资本主义实践的重要内容，带来了一系列价值危机，包括不平等加剧、歧视加深、文化公共性贬损以及公民身份和道德实践衰落。资本是平台背后操作的最大推手，通过技术手段追逐商业利益，而算法文化背后也潜藏着资本运作的痕迹。算法带有一定的偏见，容易造成文化区隔和分层，我们对算法文化应该保持一种批判的态度。那么如何全面理解算法文化呢？当算法不再被视为计算学科的专属研究内容，与广阔的社会科学相连接时，我们对算法的理解就不再只有一种可能。可以粗略分三个向度来解读算法文化：一是权力向度，将算法及其相关的智能传播技术纳入到传统文化权力批判的视野中，算法压迫了文化的多样性；二是话语向度，当算法从手段变成目的，帮助算法从技术概念转入文化情境，延伸了算法的文化内涵；三是行动者向度，算法在文化实践中具有能动性[①]。这三种向度都为我们理解算法的文化属性提供了不同的视角。算法本身是一种文化，是人类理性的一部分，但仍然值得注意的是科技理性的膨胀使算法开始控制人类，不加扼制的算法崇拜很可能会导致自己走向理性的反面。算法文化放大了人类社会既有的不平等、不透明、贪婪、欺骗和操控，人们要进行反思而不是一味对科技顺从和诌媚。我们如果一味追求以技术为核心的新型文化资本，可能导致文化主体价值丧失的情况，要辩证看待新形态媒介文化带来的影响。

人类进入算法技术时代，新型文化资本为文化工业带来了新的文化内容。目前学界关于新形态媒介文化未来发展趋势的讨论并不多，但学者们传达出来的态度很明确。当算法研究从"技术"转向"文化"之际，就需要用不一样的视角和范式加以审视，未来算法文化研究的方向不再是追求确切的定义，而是将算法构建为受文化意义和社会结构影响的权力系统，关注人类与非人类、算法与整体关联环境等错综复杂的关系。我们不能把技术进步的一维方向视为文化发展的总体方向，技术主导的文化市场化工具理性容易误导人们的价值观，要认清社会对新型文化追逐的弊端，在当下找回文化的主体，找到媒介文化发展的主线，重塑文化的价值本位。

▶▶ 四、算法传播与社会治理研究

人类社会智能化发展已经成为必然趋势，算法社会正在到来。算法给我们带来智能

① 毛湛文，张世超. 论算法文化研究的三种向度［J］. 现代传播（中国传媒大学学报），2022，44（04）：72-81.

生活的同时也伴随着一系列社会问题，人工智能引发的社会乱象造成了诸多争议。算法技术异化带来了政治态度分化、治理出现盲区、公共话语去价值化、算法公正缺失、算法技术垄断、责任主体模糊等多重社会困境，亟待探讨合理有效的算法治理方案。

防止算法滥用对人造成的侵犯、伤害是算法治理的首要内容。算法滥用现象背后隐藏着算法偏见、算法歧视、算法公正缺失、算法责任主体模糊等伦理问题。其中公民隐私被侵犯的伦理问题尤为明显。在当今智能社会，我们不能再像过去那样仅仅将被他人故意泄露私密信息、跟踪和偷装摄像头等现象视为侵犯隐私权的行为，而要将侵犯隐私权赋予智能化和数字化的新特征。例如，平台利用大数据"杀熟"现象背后隐藏着商家对用户隐私权的侵犯。商家通过提取用户画像，有针对性地推送个性化内容和商品，并对新老用户实施个性化定价和差异化定价，平台未经允许将个人数据信息授权给商家的举措侵犯了公民的隐私权。算法偏见侵害了公众个人的隐私权，而算法歧视导致群体不公平现象出现。例如，算法技术给女性的数字化生存带来了一定的性别歧视风险，算法在积极赋权给女性群体的同时，还引发了"计算不平等"和"性别数字鸿沟"等伦理失范现象，加剧了性别差距与性别歧视。虽然这种歧视借助"算法黑箱"隐藏在代码中难以被人们直观发现，但在女性求职过程中依然有所展露。应对算法偏见和歧视给人带来的伦理困境，我们要加强对个体隐私权、平等权和非歧视权等基本权利的保护。

智能社会中算法技术异化造成的社会困境也是社会治理的重要内容。首先，算法推荐机制引发了一系列互联网乱象：算法推荐深刻嵌入社会生活并主导了包括社会舆论在内的新兴传播系统，同时也带来了社会舆论的安全风险，加重了舆论信息污染，消解了主流舆论引导，扰乱了舆论发展秩序；互联网把人们带入信息超载的时代，算法个性化推荐有效地帮人们进行了信息过滤与筛选，但算法推荐系统难以准确判断信息的价值和真假，容易造成信息失衡、信息歧视和虚假信息的现象。其次，在技术和资本的双重操纵下，算法弱化了对主流价值观内容传播。迫于技术手段和人员的短缺，政府公共部门被移到算法实际控制权的外围，控制算法数据和掌握算法分析技术的公司实际上占据了传播内容的主导权，主流价值观内容沉没在信息洪流中，传播效果大打折扣。最后，算法技术的高门槛性特征也加剧了社会资源分配的不平等，资本和平台制定了算法平台的执行规则，由此带来的算法偏见和算法不公平现象难以避免，少数弱势群体通过算法平台得到了跨阶层的机会，但总体来看社会强势阶层与弱势阶层之间的差距仍被进一步拉大。

算法传播引发的社会困境需要多方协调合作才能有效治理。从内在层面来看，算法作为一种媒介技术，治理算法本身就属于社会治理的一部分。算法自身伦理性的缺失衍生出众多社会问题，解决其伦理性缺失形成的问题可以转化为解决道德问题。任何一种技术诞生时人们都默认技术是为人类社会服务的，随着技术异化的问题越来越直观地摆在人们面前并在现实生活中威胁人类的安全之后，技术的道德问题才开始被大家提及。走出算法技术带来的伦理困境，首先要针对算法已经暴露出来的问题，优化算法技术提高其合理性，具体体现在应对算法偏见问题，算法设计人员要谨慎选择数据样本，挑选有代表性且较为公平的数据进行采样。其次是理论创新必须跟上技术创新的脚步，让理论能够对技术进行"规训"，在制定人工智能行业道德规范时，设计者可以将社会主义核心价值观融入制度的框架中，实现行业规范与价值导向的有机统一。再次，算法的伦理问题也包含着算法设计人员自身价值观的影响，制定设计者行业道德伦理规范有一定的防范作用，通过约束算法设计人员的行为，强化其道德自律，可以有效避免因区域性差异或主体性意识偏差带来的错误，提高算法的公平。

除此之外，算法的伦理问题与不同个体自身的"算法素养"有关，每个人对算法的认知程度不同，需要提高个体对信息收集、获取、理解和辨别的能力。从外在层面来看，治理算法导致的社会问题要从不同主体的角度出发进行外在监管。首先，政府要针对算法领域出现的问题完善相关的法律法规条款，有效约束算法的滥用行为，降低算法投入社会应用时带来的危害，减少因算法主体性模糊造成责任难以归咎的现象。其次，数据公司和人工智能研发机构要明确责任边界，在算法研发和应用过程中需要承担一定的社会责任，并在一定限度内加大公开算法数据处理过程的透明度。在算法技术优化和外在机制监管的共同发力下，用正确的价值理性引领人工智能的工具理性，更好地推动数字友好型社会的建设。

▶▶ 五、基于用户的认知神经传播学研究

长期以来，传播学者主张"客观反映、经验调查、数据统计、定量分析"的研究方法，注重行为实验法、调查法研究传播过程与效果之间的因果关系。随着心理学范式进入，自然观察法、实验法等逐渐成为传播研究的主要方法。随着新的媒介传播形式和传播现象的出现，研究者在借助用户体验分析媒介传播效果的过程中，加入认知科学和认知神经科学实验方法的应用，如面部表情识别和脑电仪，让用户体验、人类行为动机、传播效果研究等以往仅能推论结果的内容得到了部分较为科学的解释。这一举措突破了效果研究的重难点，进一步发现了认知神经学研究方法与传播学研究内容交叉研究的价值。

人脑是最终的"黑箱"，过去只能根据描述来推测人类行为的动机或预测行动的方向，神经科学（neuroscience）使用脑部活动成像技术，直接观察大脑活动信号推测人脑工作状况，证实了很大一部分人类行为是受理性意识驱动的，这一发现填补了经验观

察无法准确描述传播过程中人类行为触发动机的空白①。神经科学是一门观察脑部信号的细节学科，与心理学结合形成了认知神经学领域。认知神经学领域在心理学、神经科学、计算机科学和人类学等学科的交界面上进一步发展出了一门可以揭示人们认知过程的神经机制领域新兴学科——认知神经科学。此后，认知神经科学与传播学领域在研究内容与研究方法的高密度交叉性下，推动着认知神经传播学科的构建。在认知神经传播学的学科建构和发展过程中，基于影响力和贡献度来看，喻国明教授的"认知神经传播学"研究团队为主要力量。2011 年中国人民大学建立了国内高校第一个"认知神经科学——传播学实验室"（即 COCOLAB），喻国明教授的团队以实验为手段，对人的认知与传播进行可视化研究，取得了一系列丰富的成果。2018 年，"认知神经传播学"这一学科概念被喻国明教授正式提出，并被纳入传播学当中，促进了中国认知传播研究的学科体系构建与飞速发展。

媒介用户体验是近年来传播效果研究的热点，用户体验指"用户与媒介的交互界面为用户带来的所有方面构成的感知整体"②。用户在媒介体验过程中的注意力强弱与时间长短，是衡量产品质量的依据之一。借助传统的研究方法与实验，研究者只能从外在因素推测用户的出发动机。通过脑电图技术等认知神经科学的实验方法，可以分析信息在人脑中产生的微观效果，发现不同用户媒介体验瞬间效果的区别，以此来判断用户对媒介产品的接受度，推进产品质量的升级。例如在研究聚合类新闻 APP 用户体验的过程中，喻国明教授团队基于认知神经科学中的 EGG 频域分析法，研究了用户"既有经验"对聚合类新闻 APP 使用体验的影响，这是一次将认知神经科学研究方法测量媒介用户体验的研究从理论层面推向实证层面的探索与尝试；当竖视频广告效果引起学界关注时，喻国明教授团队结合了认知神经科学的方法，进行了眼动实验验证广告视觉元素中代言人变量与竖屏广告注意效果间的关系，从一定层面上证明了效果研究分析框架设想的可能性。此外，也有其他学者基于认知神经学传播范式开展对媒介用户使用体验影响机制的相关研究，通过元分析法从逻辑层面对移动应用产品的用户体验问题进行系统研究，提出如何基于媒介内容生产情况和用户的信息接受规律，建立一套更系统化、科学化的评估体系是学界亟待解决的问题③。

情感需求是用户产生媒介接触行为的一个重要推力，借助认知神经传播学和心理学的研究方法，能探究情感需求的产生、情感共同体的形成、公众情绪的传播、情绪的感

①② 喻国明，程思琪. 认知神经传播学视域下的人工智能研究：技术路径与关键议题［J］. 南京社会科学，2020（05）：116 – 124.

③ 梁爽. 基于认知神经传播学范式的媒介用户使用体验测量：研究框架与模型建构［J］. 北京邮电大学学报（社会科学版），2021，23（04）：1 – 7.

知与预测。激发用户的情感共鸣已经成为媒体信息的主要传播策略，情感互动技术也让人工智能与人的情感互交成为可能，人机交往正朝着情感交互的方向发展，人类的身心日益成为人机交往的关注重点。例如，一款"恋与制作人"手游受到了广大年轻人的追捧，在超现实世界中模拟恋爱经营，跌宕起伏的剧情与制作精美的画风都满足了用户的情感需求。用户在社交软件上的互动促进了情感共同体的产生。用户对情感体验的偏爱导致了媒体话语的特点从理性转向感性，为建立网络情感社区和促进消费创造了良好的环境。我们可以从"算法情感"层面分析直播带货中的情绪传播现象，算法情感既是大数据科技下用系统的方法解决问题的平台策略机制，也是直播带货中推动流量数据、销售业绩的复杂人格特质，直播带货中的情绪传播也验证了情绪生产与传播的商业价值。

将认知神经传播学研究范式应用于传播学领域的人工智能研究，可以更好地挖掘人机交互中人的认知与情感状态，解释其行为背后的心理机制。大数据背景下，个人行为、情绪与认知神经传播领域的关系密切，未来表情分析、情感计算将和更多的传感器、可穿戴设备所获得的数据相结合，机器人可以通过人类的表情、语言、手势、大脑信号、心血管血流速度等生理数据对人类的生理、心理甚至是情绪的变化进行预测。例如，日本投资公司曾经展示过一个名为"胡椒"的智能机器人，可以通过"情绪引擎"和云计算来辨识人类的表情、肢体动作、语调和情绪。随着深度神经网络的方法开始应用，智能媒体环境下，基于算法和用户心理考察还可以对谣言进行识别、控制与更正，通过神经网络提取文本信息与用户反馈信息，用传统方法提取信息源用户的特征，两者结合来对谣言分类做出判断。因此，在公众情绪传播领域，人工智能不仅丰富其表达方式与渠道，还进一步加强了用户的情绪传播体验与促进情绪聚合，并且广泛应用于网络生态空间治理方面。

认知神经传播学的发展，让更多学者在研究用户行为时将认知神经科学的实验方法和研究范式融入其中，分析出以往难以了解的人脑微观层面的动机。数字化的人机交互越来越趋向人类社会的真实交互场景，实现了个体心灵与外部的有效连接。有学者在研究情感体验的过程中提到《摩登家庭》中的智能冰箱"小冰姬"，它能针对人类情绪状态进行抚慰性对话，这一现象隐喻智能媒介下一个阶段的发展趋势为作为助力人类完成体内传播的存在。从"人内传播"到"人际传播"，超扫描范式在认知神经传播学研究中也已经得到应用与拓展，将超扫描范式应用到传播学领域就能为数字革命下人与人的传播研究提供全新的、具有特殊认知意义、理论建构价值的学科发展空间，并为传播效果在认知神经层面的实证研究开辟新的赛道①。

▶▶ 六、算法传播形成新型政治传播样态

传统的政治传播是点对面的线性传播，这一模式难以解决信息过载情况下社会信息生产过剩与个体有效信息获取匮乏之间的矛盾。人工智能在政务新闻内容传播的应用，拓宽了政治信息的分发渠道，实现了信息生产与个体需求之间的精准推送，有效解决了传统政治传播的痛点，增强了政务信息传播效果。但公众在接收政治信息时也容易受到政治组织者的误导产生认知偏差，增大了国家对算法传播管控的难度和宽度。人工智能在政治领域的应用推动了政治信息的传播和民主形式的变革。算法传播给现代政治治理带来冲击和挑战的同时，也推动着新型政治传播样态的塑造和发展。

一方面面向本国治理来看，算法早已进入政治领域的各个方面，对公民参与政治生活和政治传播生态都带来了一定的改变。对公民参与政治生活来说，算法传播对公众表达权的影响兼具两面性。表达权作为公民的一项基本权利，以互联网运行为底层逻辑的算法实现了对公众表达的赋权，公民表达突破了信息交往时空的禁锢；但算法操控下"失真"的公众表达也损害了政治传播的有效性，算法屏蔽公众表达、规训公众表达、伪造公众表达等抑制公众表达的情况也时有发生。算法传播给国家政治生态带来的影响还包括算法辅助政治决策和算法促进信息传播。西方政治选举时政客通常采用线下演讲或线上视频宣传的形式辅助公民进行投票选举，但经常出现蓄意宣传和散播虚假新闻拉拢公民获选票的情况。算法技术下假新闻的泛滥影响了网络民主的走向，对政治治理带来严重影响。如2016年美国大选时假新闻泛滥成灾，在政治选举等特殊时期恶意操纵算法，传播大量虚假新闻给民主政治带来了风险，造成主流媒体信誉度下降，政府公信力遭受公民质疑的问题。另外，算法传播促进了网络群体的聚合，算法的个性化定制导致个体选择倾向曝光，为政治操纵提供了便利渠道。

另一方面针对国际形势而言，在国家行为体使用算法时具有"非中性"的特征，在国际政治中主要表现在对外政治渗透、军事力量转移和经济利益获取等方面，算法技术争夺背后实质是国家间的权力较量、安全博弈和利益争斗。部分国家利用算法传播的优势非法收集信息获取利益，算法的战略价值容易使它从技术工具变成各国之间夺取利益的政治工具。算法在促进各国信息交流的同时也影响了国家形象的塑造和公共外交认知，给国家间政治带来复杂影响。在国际政治领域以算法为基础的技术不仅使社交媒体

---

① 郭婧一，喻国明. 从"人内传播"到"人际传播"超扫描范式在认知神经传播学研究中的应用与拓展[J]. 新闻与写作，2022（08）：51–61.

平台成为当代公共外交的重要工具，而且使其成为国际行为体之间进行"算法认知战"的平台乃至参与者。各国在现实政治中的角逐也通过社交媒体在网络空间展开，话语主导国利用算法进行舆论操控或恶意传播的行为时有发生。著名政治学者亨廷顿在书中写道："对于一个传统社会的稳定来说，构成主要威胁的并非是外国军队的侵略，而是外国观念的入侵，印刷品和言论比军队和坦克推进得更快、更深入。"① 算法科技的发展给信息传播带来重大变革，如网络舆论信息战成为俄乌冲突的"第二战场"，虚拟战场上虚假信息的泛滥和舆论空间的交锋都对国家政治的治理造成了巨大的压力。

算法本身的内在缺陷和外在的不当利用都会给政治传播带来风险。一是公众作为政治传播的主体力量被削弱。算法作用于公众表达的运作机制背后是技术、资本与政治之间的博弈，公众的话语权和参与权受到算法的控制难以完全实现。依靠人工智能来进行民众表决的政治现象逐渐常态化，人工智能为现代政治提供便利甚至使直接民主成为可能。但在大数据、云计算、智能推送等新型技术的加持下，算法辅助决策让公民民主流程简化的同时也导致公民权利虚拟化、代议民主空壳化趋势明显，民主变得只是空具其形，已经不具备待议和决策的功能，算法民主可能取代选举民主。二是公众隐私权的丧失。智能算法在实现政治信息优化配置的同时借助其强大的数据搜集能力和逻辑分析能力可以不断挖掘公众的隐私，构建公众的数据特征形成用户画像。并且大数据形成一种基于算法的政治，成为连接政府与公众的纽带，通过建立数据间的关联性，穿透了公共领域与私人领域之间的边界，将公众的私人领域变成大数据的监控和分析对象。每个人在大数据面前都成了毫无隐私的透明人，难以建构属于自己的私人领域。三是算法武器威胁国家安全。算法非中性的特征加剧了全球信息资源分布的不平衡，拉大了"算法强国"与"算法弱国"之间的差距。拥有算法技术优势的国家能应用算法提升国家在各领域的发展动能并加速利益的获取，而算法弱国在国际竞争中将持续陷入安全与发展的被动状态。人工智能在国家作战实力中拥有不可忽视的潜能，算法鸿沟增大了不同国家之间的作战实力，各国对权力和利益的渴望将给国际政治形势带来较大的纷争。

智能算法在政治领域的应用是一把双刃剑，给政治管理带来便利的同时也引发了一系列政治风险，我们可以从国内与国际两个维度来思考如何应对新型政治样态。对国内来说，人工智能为现代民主政治带来了新变化和新风险，包括公众表达"失真"、公民主体权虚拟化和隐私权丧失等。算法引发的风险不仅是技术问题，也是伦理道德问题。我们从技术和伦理方面都要始终坚持以人为本的价值理念，合理引导算法技术为人类服

① 塞缪尔·亨廷顿. 变化社会中的政治秩序 [M]. 王冠华, 刘为, 等译. 上海: 生活·读书·新知三联书店, 1989: 141.

務。同时要提高整个社会的人工智能伦理观念，建立从业人员与行业的伦理与规范，出台有关人工智能的法律法规，建立补偿机制和审查机制，来保证个人隐私和数据安全。面对国际政治传播新形势，针对算法的"非中性"特征给国际形势带来的冲击、假新闻和舆论信息对国家形象的负面影响和算法鸿沟拉大强弱国之间的差距，提出维护国家治理安全和国家利益的措施。一方面要增强算法技术甄别有害信息和虚假信息的能力。目前部分应用软件已经有了显示 IP 地址的功能，提高了网民对舆情真假的辨别能力，提升了国家网信办对网络空间信息治理的效率。根据账号所在地域帮助公民辨别网络空间信息发布的虚实、推测假新闻散播的动机、看穿其舆论传播的真实目的，保障国家信息安全和网络空间的稳定。另一方面国家要加大算法核心技术的研发力度，普及其在重要基础设施领域的使用，加快增进算法对国家政治、经济、军事和文化发展的赋能效应，利用算法技术提升国家综合治理能力，维护国家安全，捍卫本国的利益。

▶▶ 小　结

如今算法正以不可阻挡之势迅猛发展，以前所未有的深度和广度嵌入社会、经济、政治等诸多领域，一个高度自动化世界正在形成。爱因斯坦曾说"科学的终极目标是使现在和将来的社会变得更好，未来我们的工作要增进人类的幸福，只懂得应用科学是不够的，关心人本身必须始终成为一切技术努力的目标，从而保证我们的科学会促进人类幸福，而不至于成为祸害"。算法作为大数据时代的产物，横跨了社会科学与自然科学的许多领域，我们在肯定算法传播给各学科带来研究价值的同时，需要重视算法跨学科发展带来的风险和衍生问题。我们要全面理解算法传播的意义，用冷静中立的态度思考如何引导跨学科视角下的算法向善发展，从而让算法成为人类真正的福祉。

 【思考题】

（1）你如何理解跨学科视野下的算法传播？
（2）什么是深度媒介化社会？如何理解元宇宙？
（3）算法引发了哪些人机伦理冲突？带来了什么样的后果？
（4）你如何看待新型媒介文化？算法文化带来了什么影响？
（5）在社会治理过程中如何引导算法向善？
（6）如何理解算法的非中性原则，它给国际形势带来了哪些影响？

【推荐阅读书目】

[1]《数文明：大数据如何重塑人类文明、商业形态和个人世界》，涂子沛著，中信出版集团，2018年版.

[2]《科技想要什么》，凯文·凯利著，熊祥译，中信出版社，2011年版.

[3]《媒介、社会与世界：社会理论与数字媒介实践》，尼克·库尔德利著，何道宽译，复旦大学出版社，2014年版.

[4]《即将到来的场景时代》，罗伯特·斯考伯、谢尔·伊斯雷尔著，赵乾坤、周宝曜译，北京联合出版社，2014年版.

[5]《新闻传播的大数据时代》，喻国明、李彪、杨雅等著，中国人民大学出版社，2014年版.

参考文献

[1] 塞缪尔·亨廷顿.变化社会中的政治秩序[M].王冠华,刘为,等译.上海:生活·读书·新知三联书店,1989.

[2] 涂子沛.数文明:大数据如何重塑人类文明、商业形态和个人世界[M].北京:中信出版社,2018.

[3] ANDERSON H. Deep mediatization[M]. Routledge, 2019:5.

[4] SEAVER N. Algorithms as Culture:Some Tactics for the Ethnography of Algorithmic Systems,Big Data & Society, 2017,4(2):1-12.

[5] 何塞·范·迪克,孙少晶,陶禹舟.平台化逻辑与平台社会:对话前荷兰皇家艺术和科学院主席何塞·范·迪克[J].国际新闻界,2021(9):49-59.

[6] 毛湛文,张世超.论算法文化研究的三种向度[J].现代传播(中国传媒大学学报),2022,44(04):72-81.

[7] 喻国明,程思琪.认知神经传播学视域下的人工智能研究:技术路径与关键议题[J].南京社会科学,2020(05):116-124.

[8] 梁爽.基于认知神经传播学范式的媒介用户使用体验测量:研究框架与模型建构[J].北京邮电大学学报(社会科学版),2021,23(04):1-7.

[9] 郭婧一,喻国明.从"人内传播"到"人际传播"超扫描范式在认知神经传播学研究中的应用与拓展[J].新闻与写作,2022(08):51-61.

第 五 讲

比较视野下的中外算法传播

算法技术被广泛用于智能媒体后，以"可计算性"为特征的算法传播成为智媒时代的新型传播样态。算法在重构传播形态与媒介情境的同时，以其自身的运转逻辑形塑社会互动形式与文化形态，由此摆脱中介者的身份定位，开始在一定程度上介入传播乃至控制传播，同步挑战人类以往在传播活动中的主体地位。这引起了国内外新闻与传播学界的高度关注。

为更加直观清晰地展示中外算法传播研究领域的知识特征，本讲将基于文献计量方法，使用 CiteSpace 软件①对中国知网（CNKI）数据库中南京大学"中文社会科学引文索引"（CSSCI）和核心期刊论文与国外 Web of Science 核心数据库 SSCI 期刊论文中算法传播研究领域的文献进行梳理和总结，并开展计量分析，绘制科学知识图谱，分析中外算法传播研究领域的核心作者、研究机构、研究热点和发展趋势，以期全面把握算法传播的发展脉络与运行规律，为进一步开展算法传播研究提供有益参考。

▶▶ 一、数据来源与比较分析设计

（一）数据采集

本讲将从国内和国外两个部分采集数据。国内数据从 CNKI 中采集，以"算法"并含"传播"、"算法"并含"新闻"以及"个性化推荐""智能""推送"等关键词作为主题检索词，在高级检索入口，基于 CSSCI 和北京大学图书馆"中文核心期刊"（核心期刊）两大论文库进行关键词交叉检索。鉴于本讲的讨论范畴需要限定在人文社会科学领域，在检索结果的基础上开展人工筛选，筛选宣传、人物传记、会议通知、作品集、书评等消息类内容和自然科学研究领域的相关文献，最终获得可作为研究数据源的有效文献共 827 篇。国外数据从 Web of Science 核心数据库的社会科学索引（Social Science Citation Index，简称 SSCI）采集。由于国外研究中尚无明确的算法传播"algorithm-based communication"这一提法，以"algorithm""algorithms""algorithmic""black box""automated journalism""machine-written news""robot journalism"等为主题检索词进行交叉组合，限定文献类型为"article"、语种为"English"，开展高级检索后，经过人工筛选，剔除移动通信、计算机科学等自然科学领域的文献，最终获得可作为研究数据源的有效文献共 779 篇。

通过整理与统计发文量（图 5-1），发现中外算法传播研究成果数量的发展趋势都以逐步增长为主，发展历程亦大体相似。

---

① 一款由美国德雷塞尔大学陈超美教授基于 JAVA 程序设计开发的可视化软件。

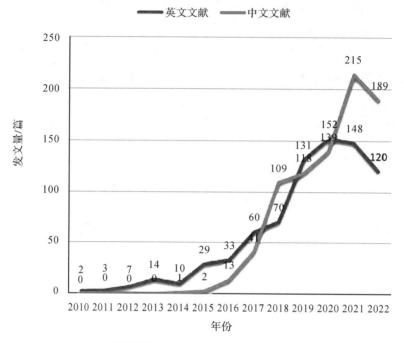

图 5-1　中外算法传播研究发文量

　　具体而言，国外围绕算法开展的相关学术文献最早出现于 2010 年，研究大致经历了三个阶段：第一阶段是预热准备期（2010—2012 年），算法传播的研究较为零散，年发文量在个位数量级；第二阶段是缓慢增长期（2013—2018 年），每年的发文量稳步增长，增速缓和，年发文量保持在两位数；第三阶段（2019—2022 年）是繁荣鼎盛期，发文量骤增至三位数，文献数量保持在 150 篇左右[①]。相较于国外，国内的算法传播研究起步则相对较晚，最早的文献可追溯至 2014 年，在 2016 年发文量突破两位数，在 2018 年高速增长至 3 位数，文献数量呈爆发式增长，增速逐年加快。

　　总的来说，尽管中外算法传播研究起步时间有所差异，但近几年都同步呈现高热度的研究趋势，表明中外新闻与传播学界对算法传播的关注度逐渐增加。近年来，随着国外的 Twitter、YouTube、Instagram 与国内的抖音、今日头条、一点资讯等社交媒体与新闻分发平台对算法技术的深度应用，人们检索、获取、阅读新闻的方式发生了深刻改变，传统的中心化新闻传播格局呈现出去中心化的趋势。算法主导下信息生产与传播逻辑对传统媒体的人工采编发机制构成了直接的威胁，由此形成的传播伦理、把关机制、信息茧房等话题进入公众视野，并引起学界的高度关注，推动学界进一步研究算法传

----

　　① 本讲写作截稿于 2022 年 9 月，未能将 2022 年全年的发文量录入。按环比增速计算，2022 年发文量应超过 150 篇。中文文献的 2022 年发文量数据亦然。

播，促进我们对这一新兴传播形态的理解。

（二）技术路线

CiteSpace 作为一款可视化知识图谱软件，以多样化图形和多种类数据参数的形式，通过"图"和"谱"的双重性质与特征，勾勒出"算法传播"的序列化知识谱系，亦显示了知识单元或知识群之间网络、结构、互动、交叉、演化或衍生等诸多隐含的复杂关系，而这些复杂的知识关系正孕育着新的知识的产生，从而帮助我们深刻理解"算法传播"研究在当前的研究热点分布，并进一步推演研究的未来发展趋势。本讲将从中国知网（CNKI）和 Web of Science 两个数据库采集到的共计 1610 篇文献导入版本为 V6.1.R3（64-bit）的 CiteSpace 软件，针对算法传播研究的核心作者、研究机构、研究热点与研究前沿开展分析和评述。具体研究技术路线如图 5-2 所示。

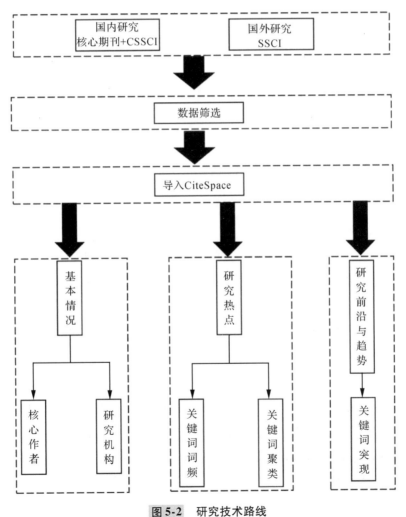

图 5-2　研究技术路线

▶▶ **二、中外算法传播研究比较的知识图谱分析**

本小节将采用共现分析、关键词频数分布、关键词聚类图谱分析等方法，从算法传播研究的核心作者、主要研究机构、研究热点三方面系统勾勒中外算法传播研究的轮廓。

（一）核心作者分析

运用 CiteSpace 中 Author 功能分别将中外算法传播研究的作者合著知识图谱绘制如下（图5-3 和图5-4），基于此解读该研究领域的核心作者及合作关系，亦透过此图了解作者们的科研能力、学术成就以及合作网络关系。

1. 国内核心作者分析

图5-3 国内算法传播研究领域的作者合作图谱

图中节点的大小表示作者的发文数量，即节点越大，作者发文数量越多。节点间的连线反映作者间的合著情况，连线越密集，表示合作关系更紧密。图 5-3 图谱参数显示 N＝225，E＝45，D＝0.0018，表明样本研究中共有 225 位作者，作者间产生关联的有 45 次，图谱浓度为 0.0018。根据赖普斯定律，计算得出 m（核心作者最低发文量）≈ 4.2，国内算法传播研究领域的核心作者有 21 位，占作者总数的9%，其中发文量在两位数的作者为陈昌凤（33 篇）、喻国明（32 篇）、彭兰（11 篇）、全燕（10 篇）。

据此可知，国内算法传播研究领域的作者以独著为主，合著程度较低，合作团队范围与规模也较小。除陈昌凤分别与师文、张梦合作发文 8 篇和 3 篇，喻国明与耿晓梦合作发文 4 篇外，其他作者之间仅合作发表过 1 或 2 篇文献，并且总体合作关系分布较为零散，尚未形成实质意义上的学术研究合作团队。总体而言，算法传播领域的研究覆盖面广泛，作者也较为分散，高产作者数量少，体现出国内新闻与传播学界对算法传播的研究聚焦度与深度都仍有较大提升空间。

2. 国外核心作者分析

图5-4图谱参数显示 N＝279，E＝161，D＝0.0042，表明样本研究中有279位作者，他们之间产生的关联有161次，图谱浓度为0.0042。同理，根据赖普斯定律，计算得出 m（核心作者最低发文量）≈3.7，国外算法传播研究领域的核心作者有22位，占作者总数的8%，其中发文量在6篇以上的作者有 HELBERGER N（26篇）、MAKHORTYKH M（15篇）、DIAKOPOULOS N（14篇）、LEWIS S（10篇）、DE VREESE C（9篇）、BUCHER T（8篇）、TRILLING D（7篇）、WIJERMARS M（6篇）。

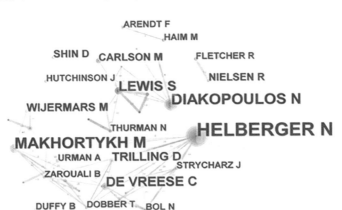

图 5-4　国外算法传播研究领域的部分作者合著图谱

根据图示的连线密集程度与参数，国外算法传播研究领域的作者间合著关系紧密，合作范围广泛，例如，最高产作者 HELBERGER N 与13位其他作者合著过文献，MAKHORTYKH M 也与11位作者合著过文献，其中包括 HELBERGER N。这也表明，高产作者间的合作非常密切。总体而言，高产作者数量不多，但作者间的合作关系紧密且集中，有利于形成学术共同体协力推动算法传播研究进一步发展。

3. 中外核心作者比较分析

根据前文对中外算法传播研究领域核心作者的分析结果，我们得出，在核心作者数量方面，国内外核心作者数量相当，他们在算法传播领域的研究都具有多年的学术积淀，科研成果数量多，文献被引用频次高，发挥重要的引领作用。在作者合作关联方面，国外核心作者的合著程度高于国内核心作者，高产作者间的合作也更密切和聚集，有利于汇聚学术资源，进一步挖掘算法传播的研究深度。这启示国内的研究算法传播的作者们需要进一步加强学术交流，融汇学术观点，协力推进算法传播研究发展。

（二）主要研究机构分析

运用 CiteSpace 中 Institution 功能分别将中外算法传播研究机构的合著知识图谱绘制

如下（图 5-5 和图 5-6），节点间的连线直观反映各研究机构的合作关系网络。

1. 国内主要研究机构分析

根据图 5-5，图谱参数显示 N = 213，E = 125，D = 0.0055，表明样本研究中有 213 个研究，机构之间产生的关联有 125 次，图谱浓度为 0.0055。发文量前三的机构为清华大学新闻与传播学院（63 篇）、中国人民大学新闻学院（56 篇）、北京师范大学新闻传播学院（42 篇）。发文量在两位数的机构有 13 家，以研究院和高等院校为主，高校均为双一流大学。

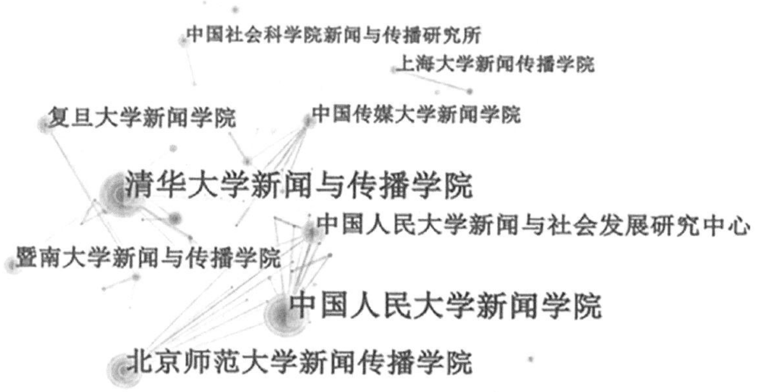

图 5-5　国内算法传播研究机构合著图谱

机构合著关系方面，首先，清华大学新闻与传播学院与其他机构的合著网络最为广泛，它和中国人民大学新闻学院、中国传媒大学新闻学院、上海社会科学院新闻研究所、中国人民大学新闻与社会发展研究中心、湖南大学新闻与传播学院都有密切的合作关系。其次，中国人民大学新闻学院与中国传媒大学新闻学院、北京师范大学新闻传播学院存在合著关系。再次，上海交通大学媒体与传播学院与上海交通大学健康传播研究中心、上海交通大学媒体与复旦大学新闻学院有着地域合作的关系。最后，暨南大学新闻与传播学院、中国社会科学院新闻与传播研究所等发文量较多的机构在合著图谱中连线只有一至两条，表明这些高等院校或科研中心与其他机构的合作关系程度弱，未形成密切的合著关系。

经深入分析上述机构间的合作关系与阅读合著文献发现，尽管当前排名靠前的机构与其他机构具有一定的合著关系，但多数合著作者与合著机构之间的合作，不仅程度不足，而且具有偶然性，或因师生跨校合作，或因作者工作调动等情况形成合著关系。据此可知，当前国内算法传播研究仅在局部范围内构建起一定程度的学术共同体，尚未覆盖全国范围，也未定期举办全国性算法传播研讨会议或出版研究专刊。

2. 国外主要研究机构分析

根据图 5-6，图谱参数显示 N = 243，E = 223，D = 0.0076，表明样本研究中有 243

个研究，机构之间产生的关联有 223 次，图谱浓度为 0.0076。发文量前三的机构为阿姆斯特丹大学（59 篇）、苏黎世大学（20 篇）、牛津大学（18 篇）。发文量在两位数的机构有 13 家，以高等院校为主。阿姆斯特丹大学的发文量近乎苏黎世大学、牛津大学的三倍之多，由此可见前者是算法传播研究领域的核心主阵地，产有丰硕的研究成果。

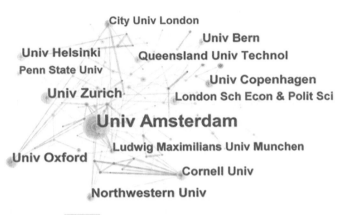

图 5-6　国外算法传播研究机构合著图谱

以阿姆斯特丹大学为研究中心，以牛津大学、西北大学、康奈尔大学等发文量为双位数的高等院校为发散的合作关系网络，是国外算法传播研究领域中机构间合作最为密切的核心关系网络。在主要研究机构行列中，除宾夕法尼亚州立大学仅有一条连线外，其他机构的合著连线数量均超过五条。

根据前述图谱参数 E = 223，结合图示连线的密度与广度，整体而言，国外算法传播研究领域的机构间合作关系较为紧密，并且覆盖范围广泛，机构间的合作关系网络盘根错节、纵横交织，有利于学术资源高效流动，形成学术共同体，稳定持续为算法传播研究做出贡献。

3. 中外主要研究机构对比分析

研究机构数量方面，相对于国外，国内数量较少，但并未有过大差距；而在研究机构合作程度方面，根据图谱参数 E = 125（国内）与 E = 223（国外），国内研究机构间的合著显然落后于国外。后者在协同聚焦研究算法传播，构建学术共同体方面占据压倒性优势。这一比较结果提示着国内学界，尽管当前研究机构数量不少，但需要进一步加强机构间的合作沟通，资源共享，信息互通，协同深入研究算法传播这一新兴传播形态。

（三）研究热点分析

关键词作为凝练文献核心信息的关键字词，传递着文献最重要的信息。此部分将使用 CiteSpace 的 Keywords 功能，统计文献关键词或主题词出现的频次，进而绘制出算法传播研究的关键词共现知识图谱与关键词聚类知识图谱。图谱的圆形节点代表关键词，节点的大小则反映关键词出现的频次数量大小，即节点越大表明关键词的频次越高。关键词之间的连线代表两者的关联，线条粗细程度反映关键词共现频次。

1. 国内研究热点分析

经 CiteSpace 分析后，知识图谱参数 N = 312，E = 974，D = 0.0201，表示图谱中共有 312 个关键词，关键词之间产生关联的次数为 974 次，图谱浓度为 0.0201。根据关键词频次排序，制成表 5-1。

表 5-1 国内算法传播研究关键词词频分布（前 **20** 个）

序号	关键词	频次	序号	关键词	频次
1	算法	149	11	新闻伦理	24
2	人工智能	139	12	智能算法	22
3	算法推荐	80	13	智能媒体	21
4	智能传播	47	14	智媒时代	17
5	信息茧房	41	15	算法技术	17
6	算法新闻	38	16	平台	16
7	大数据	30	17	内容生产	15
8	新闻生产	30	18	价值理性	15
9	社交媒体	26	19	今日头条	14
10	短视频	26	20	算法传播	14

根据表 5-1 可知，"算法""智能算法""算法推荐""算法新闻"等关键词尽管表述不同，但其内核最终指向的是以算法为核心的智能技术深度嵌入人类传播活动，即"算法传播"。因此，这些与算法密切关联的关键词反复出现，本质上可视为同一含义，指"以大数据为基础，经由智能媒体，依靠算法技术驱动的传播，其传播对象、传播内容、传播方式、传播效果等均被纳入可计算的框架内，形成全新的传播模式"①。

"新闻生产""内容生产""新闻伦理""价值理性"呈现出算法在新闻乃至内容生产过程中的介入程度较高，进而引发人们对机器把关新闻流通的伦理思考，从而关注工具理性和价值理性如何平衡的问题。当前，学界关于算法应用在工具理性层面提升效率和在价值理性层面符合伦理规范这两个目标如何取得平衡已基本达成共识；自主、透

---

① 全燕. 智媒时代算法传播的形态建构与风险控制 [J]. 南京社会科学，2020（11）：99 – 107.

明、公平、安全也被视为算法治理的四项基本伦理原则[①]。对于算法治理的分析框架，学界亦在持续改善优化中。"社交媒体""短视频"表明当前社交媒体上，尤其是诸如抖音、快手等短视频平台，在"流量经济"的趋势下，过度使用算法技术，将用户推入"信息茧房"和"回声室"，由群体极化引起的极端观点明显增加，算法逻辑主导的传播秩序进一步强化。"平台"与"今日头条"则反映出以今日头条为代表的新闻聚合平台上，算法程序根据用户偏好高效地分发相关信息，促进信息流动。然而，算法的相关性存在偏见，其塑造的可见性使公众遭遇双重威胁[②]。

基于关键词共现知识图谱的基础，采用 LLR 聚类算法，获得国内算法传播研究领域关键词聚类知识图谱（图5-7）。当 Q > 0.3 时表示，图谱划分的聚类结构显著；当 S 值 > 0.5 时，表示聚类效果合理[③]。数据显示，Q = 0.44，S = 0.77，表明该关键词聚类结构合理，效果显著，具有研究价值。聚类编号与聚类规模成反比，即聚类编号越小，聚类规模越大。根据图5-7的关键词聚类信息，提取对应研究领域的关键词贡献聚类，制成表5-2。

图5-7　国内算法传播研究关键词聚类知识图谱

①　孟天广，李珍珍. 治理算法：算法风险的伦理原则及其治理逻辑［J］. 学术论坛，2022，45（01）：9 - 20.

②　聂静虹，宋甲子. 泛化与偏见：算法推荐与健康知识环境的构建研究：以今日头条为例［J］. 新闻与传播研究，2020，27（09）：23 - 42.

③　李韵婷，郑纪刚，张日新. 国内外智库影响力研究的前沿和热点分析：基于 CiteSpace V 的可视化计量［J］. 情报杂志，2018，37（12）：78 - 85.

表 5-2　国内算法传播研究关键词共现聚类表

聚类词	关键词数量/个	S 值	主要关键词（选取前 5 个）
#0 算法	58	0.661	算法；平台；短视频；内容生产；传播
#1 算法推荐	39	0.826	算法推荐；价值理性；信息茧房；工具理性；价值引领
#2 人工智能	39	0.728	人工智能；新闻生产；主流媒体；智能化；算法权力
#3 智能传播	38	0.714	智能传播；算法偏见；主体性；新闻伦理；智能技术
#4 算法新闻	34	0.764	算法新闻；算法伦理；智能媒体；人机协同；人机共生
#5 社交媒体	28	0.897	社交媒体；意识形态；智媒时代；算法传播；网络空间
#6 智能算法	26	0.770	智能算法；媒体融合；元宇宙；协同治理；传播生态
#7 今日头条	12	0.994	今日头条；专业主义；事实核查；生产者；内容为王
#8 数据新闻	8	0.975	数据新闻；布拉德利；民意调查；算法控制；希拉里

图 5-7 和表 5-2 呈现了国内算法传播研究领域的热点主题以及对应子内容。算法传播概念方面，#0 算法、#2 人工智能、#3 智能传播、#6 智能算法，聚焦于"算法""人工智能""智能化""主体性"等概念的探索。算法在新闻生产应用领域方面，#4 算法新闻、#8 数据新闻，关注算法对新闻产品的影响、在新闻生产时的介入作用以及由此引发的算法伦理问题，进而讨论人机协同乃至人机共生的议题。算法在信息传播应用方面，#1 算法推荐、#5 社交媒体、#7 今日头条表明，不仅以今日头条为代表的新闻聚合平台成为当前重要的算法传播研究对象，以算法逻辑主导的社交媒体平台同样是学界关注算法传播的焦点。总体而言，国内算法传播研究热点聚焦在概念探索、算法应用及其相关问题两大方面。

2. 国外研究热点分析

经 CiteSpace 分析后，知识图谱参数 N = 378，E = 1814，D = 0.0255，表示图谱中共有 378 个关键词，关键词之间产生关联的次数为 1814 次，图谱浓度为 0.0255。根据关键词频次排序，制成表 5-3。

表 5-3　国外算法传播研究关键词词频分布（前 20 个）

序号	关键词	频次
1	social media	157
2	media	103
3	big data	65
4	news	61
5	automated journalism	43
6	computational journalism	42

续表

序号	关键词	频次
7	information	40
8	power	39
9	algorithm	38
10	online	38
11	artificial intelligence	37
12	perception	31
13	journalism	31
14	communication	30
15	internet	28
16	politics	26
17	impact	26
18	exposure	25
19	machine learning	25
20	facebook	25

根据表 5-3,"social media""media""automated journalism""computational journalism""journalism" 等高频关键词体现出国外算法传播研究领域重点以新闻媒体等机构及其新闻产品形态作为研究对象,观察算法传播。"power""perception""politics""impact"则反映出研究倾向关注政治领域,尤其算法推荐的深度应用,对信息传播流量与流向的影响,以及对民众态度的作用。"big data""algorithm""artificial intelligence""machine learning""Internet"表明国外学界对以算法为核心的一系列人工智能技术给予了大量关注,通过深入分析算法的运转逻辑,探索算法传播的形态异变。"online""information""social media""Facebook"① 指向线上空间的社交媒体,尤其 Meta 平台上的算法传播现象是国外学界的重点关注对象。

基于上述的分析基础,采用 LLR 聚类算法,得出国外算法传播研究关键词聚类知识图谱(图 5-8)。数据显示,$Q = 0.42$,$S = 0.74$,表明该关键词聚类结构合理,效果显著,具有研究价值。根据图 5-8 的关键词聚类信息,提取对应研究领域的关键词贡献聚类,制成表 5-4。

---

① 　Facebook 于 2021 年 10 月 28 日更名为:Meta,后文均表述为 Meta。

图 5-8　国外算法传播研究关键词聚类知识图谱

表 5-4　国外算法传播研究关键词聚类表

聚类词	关键词数量/个	S 值	主要关键词（选取前 5 个）
#0 algorithmic culture	52	0.690	algorithmic culture；social media；young women；algorithmic hotness；platform data work
#1 algorithmic media production	51	0.598	algorithmic media production；institutional theory perspective；automated media；news algorithms photojournalism；mechanical objectivity
#2 political polarization	48	0.761	political polarization；algorithmic news recommendation；news-related media repertoire；qualitative study；search algorithms
#3 algorithmic transparency	45	0.790	algorithmic transparency；structured journalism；robo-writing professional；journalist；changing mindset
#4 value-based approach	41	0.711	value-based approach；understanding story selection；financial news；market panics；facebook news feed
#5 artificial intelligence	38	0.773	artificial intelligence；automated journalism；news credibility；machine authorship；rethinking role
#6 young people	37	0.725	young people；algorithmic news selection；feel about；experiencing algorithm；online content deletion
#7 mobile agent	25	0.888	mobile agent；aware resource management；online news domain；media role；emergent audience broker
#8 new mobile service concept	8	0.967	new mobile service concept；database-centred approach；development；social media

　　同国内研究分析原理，图 5-8 和表 5-4 呈现了国外算法传播研究领域的热点主题以及对应子内容。#0 algorithmic culture、#1 algorithmic media production、#3 algorithmic transparency、#5 artificial intelligence 围绕算法从微观层面的媒介产品生产及其生产流程的透明性到宏观层面的算法媒介文化开展讨论，显示出国外学界对算法研究的纵深感，不仅牵涉到人机协同、机器人写作、算法生产与传播等议题，亦关注算法传播生态对人的影响以及人在其中的能动作用。

如前关键词分布显示，政治领域是国外算法传播研究的焦点，由表 5-4 可进一步获知，#2 political polarization，即政治极化是算法传播在国外政治领域的典型现象；算法新闻推荐和搜索引擎排序是造成政治极化的重要因素。受众方面，#6 young people，即年轻人是该领域研究的重点对象，该群体是社交媒体的重度使用人群。#4 value-based approach、#7 mobile agent、#8 new mobile service concept 则反映出国外算法传播研究领域聚焦在移动通信这一基础设施的研究上，由此延伸出价值观传播、围绕数据库为中心的传播、新闻选择、新闻投喂等研究议题。总体而言，国外算法传播研究热点聚焦在新闻生产、媒介文化、政治生活、基础设施等方面。

3. 中外研究热点对比分析

中外算法传播研究热点的比较分析结果表明，国内侧重关注算法传播的概念及其应用，概念聚焦在以算法为核心的相关主题，例如人工智能、算法推荐、智能算法等；应用方面则以社交媒体和新闻聚合平台作为对象，研究算法传播的具体现象。

相较于国内研究热点，国外研究热点的层次感、纵深感较为明显，既关注微观的新闻生产流程，亦关注于算法技术主导的媒介宏观文化，同时也聚焦在政治领域方面的算法传播现象，国内则无此倾向。在研究范围方面，国外研究热点覆盖面较为广泛，不仅着眼于算法技术，亦关注重点人群——年轻人的媒介使用情况，进而从传受两端全面分析算法传播现象；另外，国外研究关注技术的底层运作逻辑，即研究网络基础设施——移动通信，借此全方位勾勒算法传播的轮廓。

中外研究热点的相同之处在于尤为关注社交媒体与新闻聚合平台。之所以如此，最重要的原因在于"社交媒体和新闻聚合平台的社交分发、算法分发颠覆了过去由专业新闻媒体主导的信息分发格局"。[①] 国内以研究"今日头条"为主，国外则以研究"Meta"为主，本质都是以算法传播的典型案例作为对象开展研究。

▶▶ 三、中外算法传播研究的发展趋势

尽管数据挂一漏万，通过上一部分从核心作者、研究机构、研究热点三个层面对中外算法传播研究进行比较分析，依然能够大致提炼出中外算法传播研究的核心要点。本

---

① 陈昌凤，师文. 智能算法运用于新闻策展的技术逻辑与伦理风险［J］. 新闻界，2019（01）：20－26.

部分将使用 CiteSpace 中的突现词探测功能，探测词频的分布情况，根据关键词在各个年份出现的频次提取"突变词"，汇总形成算法传播研究的突变词图，由此获得各个高频词汇出现和爆发的时间节点，进而据此分别预测中外算法传播研究的发展趋势。

使用该功能时，通过调整 γ 值，分别得到中外算法传播研究领域被引用得最多的 20 个关键词突现情况，形成突变词图谱（图 5-9 和图 5-10），以进一步研究算法传播研究的发展趋势和活跃程度。

（一）国内算法传播研究的发展趋势

如图 5-9 所示，智能技术、算法传播、技术伦理、智能、治理、算法黑箱是近年来国内研究的热点，并且有可能将继续成为算法传播研究聚焦的主题。基于此，可预见未来的算法传播研究在以下三方面有所着力。

Top 20 Keywords with the Strongest Citation Bursts

Keywords	Year	Strength	Begin	End	2014 — 2022
机器新闻	2014	2.38	2014	2018	
数据新闻	2014	2.38	2014	2018	
大数据	2014	3.36	2016	2017	
新闻生产	2014	2.75	2016	2018	
今日头条	2014	5.01	2017	2019	
工具理性	2014	1.82	2017	2018	
价值观	2014	1.77	2017	2019	
人工智能	2014	4.27	2018	2019	
智能算法	2014	3.34	2018	2018	
新闻分发	2014	3.24	2018	2019	
新闻业	2014	3.24	2018	2019	
智能新闻	2014	1.96	2018	2020	
算法新闻	2014	2.48	2019	2019	
智能技术	2014	2.71	2020	2022	
算法传播	2014	1.7	2020	2022	
主体性	2014	1.67	2020	2020	
技术伦理	2014	2.15	2021	2022	
智能	2014	1.72	2021	2022	
治理	2014	1.72	2021	2022	
算法黑箱	2014	1.72	2021	2022	

图 5-9 国内算法传播研究突变词知识图谱

1. 算法技术与人的协同共生

随着新媒体技术越发深入地嵌入新闻与传播领域乃至整个社会，新闻工作者的职业角色也随之发生变化。新媒体使得信息生产权下放，"人人拥有麦克风"，普通民众得以通过社交平台发布信息，形成多元主体的新兴信息生产模式；在社交媒体和新闻聚合平台上，算法的深度介入，也革新了传统的内容分发逻辑，对新闻乃至信息传播网络造成深刻的影响。

基于此，在信息生产与传播主体"大规模业余化"①的背景下，算法技术的伦理风险进入公众视野。人机关系的强度、深度已经超越了以往任何一个时代。鉴于算法传播牵涉价值观、理念、社会共识等关键方面，内容把关与分发显得尤为重要。未来，算法与人的协同共生关系将在新闻与传播领域会变得愈发重要，将算法技术进行道德化设计，使人工智能在人机关系中承担伦理责任，构建和谐的人机共生关系，将成为未来重要的人机关系协调手段。

2. 主流价值引领的算法治理

2017 年，《人民日报》曾发文三评算法，批评算法根据用户偏好自动化推荐定制内容的分发逻辑将会进一步加深"信息茧房"，使内容偏向低俗性、虚假性，不仅阻碍平台的创新发展，更对用户的认知、价值体系、观念有着重要影响。算法基于可计算的框架得以精准迎合乃至引导微粒化个体的价值观，这些个体所汇聚的思想或价值观念将形成一股非主流价值体系，对社会稳定构成一定的威胁。

因此，有效进行算法治理，发挥算法纠偏和匡正功能，规制算法的技术偏向，强化工具理性和价值理性，采用主流价值导向驾驭算法，提高舆论引导能力，是未来研究的重要落脚点。这不仅是需要进一步深入研究的议题，亦是凝聚社会共识、构建和谐社会的有益尝试。

3. 算法黑箱及其透明度问题

所谓"黑箱"，指的是使用"任何一部过于复杂的机器或任何一组过于复杂的指令。他们在'黑箱'的所在地方画上一个小盒子，以表示此处除了输入和输出以外不需要知道任何其他的事情"②。随着神经网络、算法、机器学习等技术在新闻与传播领域的深度应用，在新闻生产格局的深刻介入，使算法的"黑箱化"过程进一步加速，由此衍生的新闻样态改变、算法偏见与歧视等问题引起学界高度关注。当前对于"算法透明度"的设计和操作可归纳为"解锁 ITO 三阶段"、"逆向工程学"和"可理解的透明度"三种打开方式③。随着智能算法对社会的中介化程度逐渐深入，在人们的生活中发挥愈发重要的作用，未来，学界将持续关注"算法黑箱"及其透明度问题，推动算

---

①　克莱·舍基. 人人时代：无组织的组织力量［M］. 胡泳，沈满琳，译. 杭州：浙江人民出版社，2015.

②　布鲁诺·拉图尔. 科学在行动：怎样在社会中跟随科学家和工程师［M］. 刘文旋，郑开，译. 北京：东方出版社. 2005.

③　仇筠茜，陈昌凤. 基于人工智能与算法新闻透明度的"黑箱"打开方式选择［J］. 郑州大学学报（哲学社会科学版），2018，51（05）：84－88.

法传播研究进展的同时，也让我们更深刻地理解算法的运转逻辑并服务于我们的生活。

（二）国外算法传播研究的发展趋势

如图 5- 10 所示，consumption，visibility，youtube，system，machine，authorship，platform governance，personalization 是近几年国外的研究热点，主要聚焦在消费、可见性、平台及平台治理、系统、机器、写作、个性化等方面。同上分析逻辑，国外算法传播研究具有以下三方面研究发展趋势。

Top 20 Keywords with the Strongest Citation Bursts

Keywords	Year	Strength	Begin	End	2012 — 2022
computational journalism	2012	3.93	2013	2019	
big data	2012	5.24	2015	2017	
online news	2012	2.47	2015	2018	
science	2012	2.24	2015	2015	
power	2012	2.71	2016	2017	
robot journalism	2012	3.52	2017	2017	
web	2012	2.71	2017	2018	
policy	2012	2.36	2017	2018	
online	2012	3.48	2018	2018	
digital media	2012	2.36	2018	2019	
filter bubble	2012	2.33	2018	2018	
internet	2012	3.57	2020	2020	
consumption	2012	2.2	2020	2022	
visibility	2012	4.12	2021	2022	
youtube	2012	3.26	2021	2022	
system	2012	2.6	2021	2022	
machine	2012	2.37	2021	2022	
authorship	2012	2.3	2021	2022	
platform governance	2012	2.28	2021	2022	
personalization	2012	2.15	2021	2022	

图 5-10 国外算法传播研究突变词知识图谱

1. 个性化信息推荐与消费

算法的特点之一是根据大数据采集的用户画像，针对每个用户的偏好，精准分发信息，形成个性化信息推荐与消费，由此引发过滤气泡（Filter Bubble）、群体极化等衍生问题。鉴于这些问题对社会构成的潜在负面影响，个性化信息推荐对现实的建构和受众对算法的态度成为学界关注的焦点，着力推动解决问题。

类似于传统大众媒体对现实的建构，算法的个性化推荐亦在塑造社会现实，影响人们感知世界的方式和行为模式。然而，与传统媒体不同的是，算法建构的现实加剧了个性化、商业化、不平等和去领土化，减弱了透明性、可控性和可预测性①。在受众对算法个性化推荐的态度方面，有相关研究指出，整体而言，受众认为算法的选择是基于他们过去的信息消费行为，是一种比传统编辑筛选更好的获取新闻的方式②。

随着算法技术的革新与优化，未来基于算法逻辑的个性化信息推荐亦随之发生变化，受众对此的态度也会转变。因此，尽管该议题已有不少研究，但其作为基础的算法传播现象，仍在未来具有一定生命力。

2. 算法作者

依赖算法自动化生产的新闻，称为"自动化新闻"或"机器人新闻"。面对预算的限制，许多传统新闻媒体逐渐转向自动化新闻生产，以降低成本，提升效率。随着新闻生产的主体从职业记者扩充到算法，越来越多新闻稿件由记者和算法机器共同撰写而成。

基于此，最具争议且当前并未探索的方面是算法作者（Algorithmic Authorship）③，即算法成为新闻生产的主体，由此带来的问题是，自动化新闻应如何适应传统新闻业的价值观，承担起社会瞭望哨的责任与功能？

未来，随着媒介技术的更新迭代，新闻生产与传播的速度将越来越快，对新闻生产的时效性亦提出了更高的要求，"自动化生成新闻"将成为重要的新闻生产方式之一。因此，作为作者的算法以及算法如何与传统新闻行业的采编发惯例互相融合等相关议题在未来几年依然具有较高的学术研究价值。

3. 平台治理

自算法技术深度应用于社交平台后，平台治理的问题变得日渐严峻。国外算法传播研究在 2012 年时对"Meta"，即彼时的"Facebook"，有过深入的研究，对其算法权力以及不可见性都进行了分析④；表 5-3 的关键词词频分布中也出现了"Facebook"一词；图 5-10 显示 toutube 和 platform governance 是近两年国外算法传播研究的热点对象。

YouTube 作为国外头部短视频社交媒体平台，悄然兴起了一股厌恶女性的极端激进

① JUST N, LATZER M. Governance by algorithms: reality construction by algorithmic selection on the Internet [J]. Media, culture & society, 2017, 39 (2): 238-258.

② THURMAN N, MOELLER J, HELBERGER N, et al. My friends, editors, algorithms, and I: Examining audience attitudes to news selection [J]. Digital journalism, 2019, 7 (4): 447-469.

③ MONTAL T, REICH Z. I, ROBOT. YOU, JOURNALIST. Who is the author? Authorship, bylines and full disclosure in automated journalism [J]. Digital journalism, 2017, 5 (7): 829-849.

④ BUCHER T. Want to be on the top? Algorithmic power and the threat of invisibility on Facebook [J]. New media & society, 2012, 14 (7): 1164-1180.

主义，算法和平台政治则以一种隐蔽的方式支持着这种极端意识形态[①]，对网络平台生态造成严重影响。因此，平台治理是较为重要且紧迫的研究议题。

综上所述，自算法传播研究兴起以来，平台及其治理问题一直是国外学界关注的焦点。随着用户结构的复杂化、思想流派的多元化、智能技术的媒介化，平台生态网络将变得愈发繁复驳杂。因而，平台治理问题也将持续成为学界关注的重点。

（三）中外算法传播研究趋势对比分析

国内算法传播研究未来将倾向聚焦在算法技术与人之间的关系，探索人与机器的协同共生关系；充分利用算法的技术优势，发挥社会整合、凝聚共识的作用；进一步了解"算法黑箱"，优化打开方式，得出最优解，形成多方有益的局面。

相较于国内的研究趋势，国外同样注重人机关系的协调，尤其是算法作为新闻生产的主体，将如何与新闻记者磨合，融入新闻业的问题；对于算法乃至平台治理问题，国内外也将同样在未来持续关注。所不同的是，国外算法传播研究还将持续关注个性化信息推荐等基础议题，为深入研究其他衍生的相关问题筑牢根基。

▶▶ 小　结

本讲针对算法传播，以 CNKI 数据库的核心期刊和 CSSCI、Web of science 数据库核心合集（SSCI）相关文献作为数据基础，使用 CiteSpace 软件制作可视化图谱，呈现研究数据，勾勒中外算法传播研究的轮廓。分析结果表明，中外研究在核心作者、研究机构、研究内容及趋势等四个方面的差异性与相似性并存。

首先，核心作者方面，中外核心作者数量相当，但国外作者之间的合作较为密切，对于学术资源、研究论点的交汇碰撞颇具裨益。其次，研究机构方面，国内研究机构的数量规模和合作程度相对于国外较弱。再次，研究内容方面，相对于国内，国外的研究视野相对开阔，议题整体的层次感、纵深感较强。最后，在研究趋势方面，中外研究走向大致趋同，不同的是，国外还将持续关注基础议题。

通过上述分析，本讲提出以下三点启示，以期为国内算法传播研究提供一定参考。

第一，增强合著关系。通过不同作者、研究机构间的深入合作交流，有益于不同地区高等院校和科研机构的学术资源共享共通，形成学术共同体，优势互补，凝聚力量，推动算法传播研究发展。具言之，算法本属计算机科学领域的专有名词，算法传播亦牵涉多个学科，若新闻与传播学界能与计算机等其他学科研究者开展跨界交流，

---

① MASSANARI A. # Gamergate and The Fappening: How Reddit's algorithm, governance, and culture support toxic technocultures [J]. New media & society, 2017, 19（3）: 329-346.

加深对算法等智能技术的理解，对于挖掘算法传播研究在人文社科领域的深度将极具裨益。

第二，开阔研究视野。算法传播牵涉众多学科领域，亦深嵌在社会的方方面面，并且国外的研究内容都不同程度地聚焦在政治、文化等领域，使得整体的研究视野较为开阔。因此，算法传播研究视野应当跳出新闻与传播的局限，从诸如文化、社会、哲学、人类、政治等学科领域寻找到与传播的结合点，深度挖掘更广阔的研究资源。

第三，筑牢研究基础。尽管以算法为核心的人工智能技术正在不断革新，其本质基础依然不变。因此，对于诸如个性化信息推荐等基础议题仍需要保持一定关注度，抓实研究基础，为挖掘研究深度、开辟新兴研究领域提供底层支撑。

总体而言，国内的算法传播研究虽有可圈可点之处，但仍存在较大提升空间；未来应有所批判地吸纳借鉴国外研究的经验做法，结合国内实际情况，对相关理论资源、应用流程进行本土化处理，构建根基扎实的理论体系，稳步推进国内算法传播研究发展。

【思考题】

（1）算法及算法传播是什么？

（2）如何理解"算法黑箱"？

（3）如何看待基于算法的个性化信息推荐？

（4）算法框架下的自动化新闻伦理牵涉哪些方面？

（5）算法与人类的互动呈现出怎样的交往样态？

（6）算法在网络传播生态中承担着什么角色？

（7）平台、算法、用户、政府之间的关系是怎么样的？

（8）算法在社会结构中起着什么作用？

【推荐阅读书目】

［1］FRANK P. The black Box society：The secret algorithms that control money and information. Harvard University Press，2020.

［2］GILLESPIE T，BOCZKOWSKI P，FOOT K. Media Technologies：Essays on Communication，Materiality，and Society. The MIT Press，2014.

［3］PAPACHARISSI Z. Affective Publics：Sentiment，Technology，and Politics. Oxford

University Press，2017.

[4] MACCORMICK J. Algorithms that changed the future：The ingenious ideas that drive today's computers. Princeton University Press，2013.

[5] COLEMAN G. Coding Freedom：The Ethics and Aesthetics of Hacking. Princeton University Press，2012.

[6] KITCHIN R，DODGE M Code/Space：Software and Everyday Life. MIT Press，2011.

[7]《过滤泡——互联网对我们的隐秘操纵》，伊莱·帕里泽著，方师师、杨媛译，中国人民大学出版社，2020 年版.

[8]《新媒体的语言》，列夫·马诺维奇著，车琳译，贵州人民出版社，2020 年版.

[9]《人工智能时代》，杰瑞·卡普兰著，李盼译，浙江人民出版社，2016 年版.

[10]《AI：人工智能的本质与未来》，玛格丽特·博登著，孙诗惠译，中国人民大学出版社，2017 年版.

[11]《算法人文主义：公众智能价值观与科技向善》，陈昌凤、李凌著，新华出版社，2022 年版.

[12]《智能传播：理论、应用与治理》，陈昌凤著，中国社会科学出版社，2021 年版.

参考文献

[1] 布鲁诺·拉图尔. 科学在行动：怎样在社会中跟随科学家和工程师[M]. 刘文旋,郑开,译. 北京：东方出版社. 2005.

[2] 陈昌凤,师文. 智能算法运用于新闻策展的技术逻辑与伦理风险[J]. 新闻界,2019(01)：20-26.

[3] 克莱·舍基. 人人时代：无组织的组织力量[M]. 胡泳,沈满琳,译. 杭州：浙江人民出版社,2015.

[4] 李韵婷,郑纪刚,张日新. 国内外智库影响力研究的前沿和热点分析：基于 CiteSpace V 的可视化计量[J]. 情报杂志,2018,37(12):78-85.

[5] 孟天广,李珍珍. 治理算法：算法风险的伦理原则及其治理逻辑[J]. 学术论坛,2022,45(01)：9-20.

[6] 聂静虹,宋甲子. 泛化与偏见：算法推荐与健康知识环境的构建研究：以今日头条为例[J]. 新闻与传播研究,2020,27(09):23-42.

[7] ADRIENNE, MASSANARI. #Gamergate and The Fappening：How Reddit's algorithm, governance, and culture support toxic technocultures[J]. New Media & Society, 2017, 19(3)：329-346.

［8］BUCHER T. Want to be on the top? Algorithmic power and the threat of invisibility on Facebook［J］. New Media & Society, 2012, 14: 1164.

［9］JUST N, LATZER M. Governance by Algorithms: Reality Construction by Algorithmic Selection on the Internet［J］. Social Science Electronic Publishing, 2017, 39(2): 238 – 258.

第六讲

算法传播中的传媒业变革

Web 3.0 以来，智能技术的大力发展加速了传媒业的变革，特别是算法技术的成熟和使用，构成了以算法为核心的全新传播模式，也颠覆了传媒业的格局，以人为核心的新闻实践活动开始转向以算法为核心的数字新闻实践。传媒业的边界开始扩张和消融，传统的传媒业主要是依靠记者、编辑进行新闻生产，通过自身的渠道进行新闻报道的传播，但在 Web 3.0 时代，传媒业呈现出融合发展的趋势，传统媒体开始建设"中央厨房"以期重新掌握话语权，算法则是起着核心作用的技术，新闻的策展、生产、分发、推荐皆由它自动进行。可以说，算法改变了传媒业发展与改革的思维，社交平台、长视频平台、短视频平台等的崛起使传媒业无远弗届，传媒业与互联网平台相互渗透、融合，形成传媒业的新形态。本讲以算法传播中的传媒业变革为主体，剖析在算法传播中，传媒业如何引导自身与新闻实践的变革。

▶▶ 一、算法传播与新闻业态重构

1. 算法传播推动媒体深度融合

以算法为核心所形成的传播模式深刻影响着媒体深度融合，引发了颠覆性的变革，主要体现在技术、组织、资源、渠道与价值融合上。算法成了媒体转型的关键影响因素，也是构建媒体核心竞争力的核心力量。新华智云在 2019 年推出了"媒体大脑3.0"，基于算法对数据的深度学习和多模态理解，媒体大脑能够对图像、文本、音频、视频进行检测，包含了色情、恐怖、暴力、人脸核查、敏感标识等类别，识别率以及精准度已达业内最高水平；并且"媒体大脑3.0"通过算法建立了信息的实时更新机制，建构了数字化的媒体审稿场景，大幅度降低了内容上出现错误的风险，节省了人力成本。目前"媒体大脑3.0"已在新华社智能化编辑部、齐鲁智慧媒体云、江西省融媒体中心等平台进行落地，并随着技术的发展进行迭代完善。从新华智云的例子我们可以看出，算法传播中的媒体融合集中在两个方面：一是在传媒业内部，通过整合新闻实践活动，新闻策展、生产、传播被"媒体大脑"统帅，传媒机构转向"中央厨房"的组织架构，将资源整合进行统一分配；二是在传媒业外部，"中央厨房"与融媒中心、宣传部门、政务部门、企业等形成行动者网络，加快媒体融合的社会化程度。从纵向来看，传媒业的媒体融合在中央、省级、地市、县级四个层级均已发生，并取得了大量的经验和成果。从横向来看，传媒业与政务服务、城市服务、民生服务等相互融合。

在传媒业内部，算法传播机制推动了"中央厨房"的建设。"中央厨房"原指连锁餐饮企业将采购、半成品或成品生产集中在一起的场所，经过它处理的半成品或者成品，可以集中配送至连锁店进行二次加工并销售。通过"中央厨房"，餐饮公司可以比传统的配送节省30%左右的成本。媒体借用"中央厨房"的概念，将其定义为"采集同一个内容素材进入全媒体数据库，媒体内各类传播渠道、子媒体根据需要对这些素材进行二次加工，生产出各种形态的新闻产品"的综合平台。目前，《人民日报》与上海报业集团、《广州日报》《深圳特区报》《湖南日报》《四川日报》等媒体进行技术、内容上的合作，建立了代表性的人民日报社"中央厨房"。算法则成为"中央厨房"弯道超车的核心技术，全方位地影响着媒体的深度融合。

首先体现在媒体结构转型上。在人民日报社的"中央厨房"中，聚合了众多媒体所发布的信息、资讯和新闻，并且人民日报自身也可以收集信息和生产内容。"中央厨房"中的内容一共分为四类：第一类为《人民日报》旗下媒体所提供的内容，例如，人民论坛、《环球时报》、人民网等；第二类为中央媒体和各个地方媒体的内容，包括新华社、《光明日报》《羊城晚报》等，以及各类专业报纸，如《21世纪经济报道》等；第三类是政府机构所发布的内容，例如，中央人民政府、共青团中央等都在人民日报客户端开设账号发布讯息；第四类为自媒体发布的信息，例如，健康方面的KOL"丁香医生"在其客户端进行日常更新。第一类至第三类内容主要以各个机构所发布的信息为主，第四类自媒体则主要通过知识类分享来吸引用户。"中央厨房"作为信息枢纽，通过算法整合、筛选各类内容，以开放的思维与外界资源进行融合，从而构建全媒体平台。

其次体现在信息与社会服务的智能融合上。在算法技术的助力下打造场景化的信息发布。以人民日报客户端为例，客户端可以发布多种类型的信息，包括文字、图片、音频、视频、VR、AR等，这是传统媒体无法实现的内容发布一体化的优势。客户端通过技术融合的方式，使不同形式的内容出现在同一则信息上。随着用户需求的持续扩大，政务、城市服务等也与信息平台进行融合，在"我的长沙"客户端中，不仅有主流媒体、自媒体提供的各类信息，还融合了城市服务和社会服务的场景。在城市服务上，市民可以通过客户端查询、办理社保、公积金、户政等服务，客户端会通过记录、分析用户的足迹与需求，精准推荐相关的服务和信息，例如在平台办理了社保缴纳业务，平台则会向其推送社保相关的信息和相关的政策变化，形成"服务带资讯、资讯带服务"的良性循环。在社会服务方面，平台更多从民生社会场景切入，"我的长沙"通过客户端平台使市民参与到建言献策之中，从中总结出相应的调研报告并反馈到政府相关职能部门。而用户还可以通过该平台一键找到记者，从而对民生问题进行投诉。平台的融合发布使媒体和城市、社会之间形成了紧密的联结，而政府、平台可以通过算法技术嵌入基础社会的治理体系中，依托智能化的算法推动传播模式的变革，并持续拓宽平台影响的深度和广度。

最后是体现在媒体融合的算法思维上。在如今信息爆炸的时代，算法成为找到用户消费痛点的有力手段，传统媒体的传播思维已经无法跟上时代发展的步伐，互联网不再仅仅是一个用来获取流量的新渠道，特别是在"今日头条"新闻的冲击下，算法思维逐渐替换了流量思维。"信息分发正从编辑分发主导—社交分发主导—算法分发主导演进"①，算法正在重构媒体融合的核心逻辑，在内容生产上，依靠关键词标签来决定聚合的素材以及如何生产、生产什么的问题，实现精准又高效的智能化生产。在渠道上，算法解决了用户、内容、渠道三者的匹配问题，算法可以根据三者的关键词标签进行个性化匹配，从人找内容转变为内容找人的模式，实现"千人千面"的个性化传播。在品牌上，平台可以通过算法来形成自身的品牌调性，不同的平台规则与数据训练会使算法自身带有差异化的价值逻辑，从而形成带有不同品位、特点的媒体内容，进而构成了媒体的品牌调性。以人民日报客户端和今日头条为例，两者的算法逻辑不同，用户在选择硬新闻时更加倾向于人民日报客户端，日常资讯则更加依赖于今日头条。

2. 算法传播中的智慧广电转型

2018 年，时任国家广播电视总局局长聂辰席指出："智慧广电建设是以全面提升广播电视业务能力和服务能力为目标，以有线、无线、卫星、互联网等多种手段协同承载为依托，以云计算、大数据、物联网、IPv6、人工智能等综合数字信息技术为支撑，实现广播电视智慧化生产、智慧化传播、智慧化服务和智慧化监管，着力提供无所不在、无时不在的高质量广播电视服务。"② 在智能技术的迭代下，广播电视转向了智能化发展，在大数据和物联网的作用下，算法对广播电视的生产、渠道、传播进行了改造，使其迈向物联化、互联化与智能化，为智慧广电带来了新的机遇。

在广电节目的制作中，算法提供了准确的参照。最典型的代表为 Netflix 平台，Netflix 原本是一家线上租赁 DVD 的网站，通过提供长期的线上租赁和在线视频服务，Netflix 收集了大量珍贵的用户数据。通过对这些数据的分析，Netflix 能够准确地了解市场的走向，和电影相比，用户更加喜欢观看电视剧，在网络时代，用户更喜欢同时观看多部剧集。通过对用户数据的分析，Netflix 成功转型为世界上最成功的流量体平台之一。在算法传播时代，Netflix 对数据的收集和分析更加智能，它将每个用户的观看喜好按照数据路逻辑（database logic）进行分类，从而形成用户的"品味集群"，通过对"品味集群"的分析和利用，Netflix 制作出了《纸牌屋》《怪奇物语》《鱿鱼游戏》等火遍世界的电视剧集。在国内，央视在两会期间的《新闻联播》设置了《两会大数据》专栏，该栏目通过百度、腾讯的大数据收集民众关心的问题，并向其做出解答。省级电

① 黎斌. 从媒体功能升级看媒体融合的核心战略［J］. 传媒，2019（19）：23－25.
② 广电猎酷. 智慧广电、物联未来［EB/OL］. http://jsgd. jiangsu. gov. cn/art/2019/2/12/art_69985_8112838. html.

视台则通过分析节目和时间段的收视率来为后续的节目制作提供参考。电视台形成了台网联合的大数据分析平台，内容制作和开发团队对节目的直播过程进行全程化的监控，将用户的评价前置作为节目生产的参考和标准，为电视台的资源优化和收视率预测提供参考系，从而将内容不过关的节目提前筛除。

在内容推荐方面，排序算法颠覆传统剧集播放模式。以 Netflix 为例，它在剧集推荐上特别重视用户的数字体验，在用户的首页上设计了两极排名系统（Two-tiered Row-Based Ranking System），每一行的最左边推荐用户喜爱度最高的剧集，从上往下、从左到右推荐级别呈递减顺序。首先，Netflix 不仅会根据排序算法给用户推荐其喜爱的同类型剧集，还会使用 Top-N 视频排序算法（Top-N Video Ranker）在内容库中挑选所有类型中用户最喜欢的剧集。其次，Netflix 还会使用趋势算法（Continue Watching Rnaker）对国内外热门事件、流行趋势进行推荐，例如，在新冠疫情期间，便会在首页推荐《冠状病毒解密》等与疫情相关的剧集。最后是利用继续观看排序算法与相似视频排序算法（Video-video Similarity Ranker）对用户未看完剧集内容进行分析，预测用户继续观看未观看完内容的可能性（图6-1）。若得到肯定的结果，Netflix 就会在用户首页显著位置推荐还未观看完的历史内容。除此之外，Netflix 在推荐剧集观看顺序时并不一定按照传统剧集那么固定，而是会根据用户近期观看规律推荐观看顺序。在中国互联网电视（Over-The-Top TV，简称 OTT TV）具有压倒性的市场，其核心逻辑是提供个性化的服务，通过算法实现数据的采集和分析，从而实现定制化、个性化的推送。

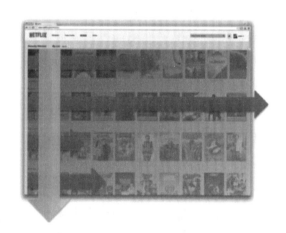

图 6-1　Netflix 首页推荐排名示意图

在应用场景上，算法推动智慧广电的多元化服务。首先，智慧广电中最基础的一环便是打造以广播电视为核心的智慧家庭服务，从而打造数字家庭的生活场景，从"看电视"转向"用电视"。以中国联通为例，通过在家庭中布置智能网关，为住户提供全场景的应用方案，电视机成为提供全媒体资讯、具备交互功能的综合数字管理平台，用户既能看电视，也能通过智能网关实现对家具的控制。其次，智慧广电可以应用在环境的安防监控。以贵州为例，"广电云"系统将广电光纤网络覆盖在全部行政村落之中，实现了县、乡、村、网格、家庭的五级联网，在全省 16474 个行政村设置了 9.3 万个公共安全监控点，并与本地的"天网工程"相结合，实现了实时监控、数据存取、场景抓拍、一键报警、群防群治的智能化安防体系，从而推动了"平安贵州"的建设。再次，智慧广电可以应用于直播，实现扶贫产业的增长。中央广播电视台联合各大电商平台、短视频平台、社交网络平台等，通过"短视频、直播＋消费扶贫""公益广告、节目＋消费扶贫"等模式来实现产品销售与变现，从而推动贫困地区的经济发展。最后，智慧广电还能应用于医疗问诊。贵州省卫健委、省广电局、贵州网络共同协力，利用"广电云"系统将远程问诊网络接入村民与农户当中，使他们可以通过智能手机、机顶盒、电脑、平板等智能设备来实现网络问诊，算法通过村民、农户所描述的病症与情况来推荐相应领域的医生，提升了医疗资源的使用效率和医疗服务的升级。在算法传播模式的影响下，智慧广电得以在各个场景中发挥作用，形成广播电视应用的新形态。

　　总的来说，以智慧广电为抓手，形成了智慧城市、智慧医疗、智慧家庭等相联结的智慧社会网络，但在这种新形势下，智慧广电中的人才面临较大的缺口，特别是在专业化、技术化、职业化人才的培养当中。首先，智慧广电人才队伍结构失调，管理型、服务型的人才较多，高学历技术型人才较少，造成了技术人才不足，技术团队缺少研发型人才，整体的创新能力不足。其次，人才培养体系不健全，人才培养体系分为人才教育和人才培训两个方面，在人才教育体系中，广电方面人才的培养需要花费大量的精力和成本，大部分学校提供的资金和政策扶持无法实现高质量的人才教育。在人才培训方面，主要采取两种方式：一是内部培训，在公司、单位内部甄选专业技能强、素质高的人组成培训小组；二是邀请社会培训机构、同行业以及高校专家来进行短期集中培训，虽然针对性强，但存在理论和实践脱节的情况。智慧广电的人才队伍首先需要能够掌握广播电视领域的专业软件的开发和应用、平台的搭建和维护，这样可以处理工作中的基础事务。随着算法、大数据、5G、VR、AR 等技术开始融入到广播电视领域，致使各个环节都需要专业的技能来进行组织、协调，人才队伍也被要求具备更多专业的信息应用技术类知识，"对在智慧广电建设过程中出现的专业技术问题、专业业务推广问题提供专业性的指导与服务；除此之外，还要具备专业化的管理能力、协调能力、服务能力和服务意识"①。

---

① 董俊峰，尹颖. 智慧广电新形势下的人才培养探究［J］. 中国广播电视学刊，2020（02）：53－57.

3. 算法传播中的出版业改革

网络文学出版是人工智能赋权较早的领域，例如，"橙瓜码字""大作家超级写作软件"等智能程序，可以根据作者指定的需求来输出相应的素材，包括场景、对话、外貌、服饰等在文章中起到推动作用的元素。随着机器学习、自然语义分析和神经网络等技术的发展，智能写作程序在速度和质量上得到了惊人的提升，衍生出了"人工智能独立写作""人工智能小说"等一系列新型文学类型。出版业的智能化改造没有局限在网络出版中，算法促成了包括内容生产、流程再造、传统出版业态等的智能化改革，出版业需要从传统的文本思维转变为算法思维，实现了算法传播驱动下的出版模式创新。

在内容生产方面，算法可以实现精准化定制。在智能时代，平台转向了以用户为中心的运营逻辑，通过大数据技术收集用户在平台中留下的足迹，依靠算法对行为习惯、消费环境等数据进行用户画像，精准获取用户的需求，从而减少内容生产的时间、资源成本。新世界出版社和当当网合作，通过中国儿童对地理情况了解程度的数据进行分析，从而预测他们的需求和兴趣点，并出版了《写给儿童的中国地理》系列图书，上市两年后一直位居科普/百科榜首，销量超过 200 万册。平台也可以根据用户信息进行定制化生产，逻辑思维公司下的"得到"电子书可以根据用户所输入的关键词，析出不同领域、层面中与这个关键词有关的信息，可以是一段话、一本书、一条信息等，通过呈现一个完整的知识框架和图谱，帮助用户更好理解所需内容。在出版业智能化的持续发展推动下，机器创作内容（Machine-Generated Content，简称 MGC）也将迎来崛起，2017 年，微软小冰机器人对中国著名的五百多位诗人的作品进行深度学习，并创作诗集《阳光失去了玻璃窗》，仅耗时 100 小时。牛津大学甚至发布报告表示，10 年之内机器创作内容的质量将超越人类，因此有理由相信，当用户需求具有可计算性和可重组性时，机器定制的个性化内容将会成为趋势。

在出版审核与编辑方面，算法提高了总体的效率。在传统的出版行业，审核与编辑加工的工作都由人来进行，是一个非常耗费人力的环节，需要具有丰富经验、懂得审稿规范的编辑来对内容进行审核与加工。由于审核与编辑加工具有较强的规范性，文本语言的表达规律也可以通过语言模型来计算，因此算法审核和编辑加工具有了可行性和操作性。算法工程师可以利用语料库和算法分析，结合智能搜索与图文识别技术，建立自动分析和纠错系统，对文字和图片进行自动化识别、检测和校对，帮助编辑快速核查文本内容中的词汇、语义、标点符号等方面所存在的错误，从而实现出版内容快速、大批量的审核、修改及删除。虽然算法在审核与编辑过程中无法避免地会出现纰漏，但随着算法和算力的全面提升，经过大量数据的饲喂和长时间的深度学习，算法大幅度提高了审核与编辑的效率，能够有效地减少出版内容错误率及知识性错误。

在出版物营销与分发方面，算法打造了场景化的阅读体验。算法所描绘的用户头像不仅可以适用于内容定制方面，也适用于出版营销方面，从出版商的角度来看，精准的用户画像有利于商品的精准推荐，从而提高销量。以亚马逊公司为例，它在最大程度发挥了用户画像"千人千面"的特点的同时，也重视平台中每个用户的价值，最大限度发挥了"长尾内容"的价值——看到网络中"每个节点"中的人，才能相应地从他们中获得利益，亚马逊网站推荐内容（包括出版物）的销售转化率甚至一度超过60%，平台出版营销成了点对点的精准营销模式。而在如今的智媒时代，信息呈指数级增长，用户的阅读习惯从整体化转向碎片化，很难将注意力投入到深度阅读之中。想要在海量的信息中抓住用户的注意力和喜好，就需要给其更加独特的阅读体验，而场景化阅读能够满足"以用户为中心、以位置为基准、以服务为价值"的精准模式。例如，在卧室中，当用户想要躺在床上闭目养神时还能获得出版物内容，可以通过智能语音助手进行有声书的播放，并根据自己的要求来对智能语音助手的声音、速度、内容章节等进行调整。算法将出版物的平面化阅读体验延伸到了现实的场景化空间中，人们可以通过各种智能设备营造场景化的阅读观感和体验。

虽然算法可以整合海量数据来进行出版活动，但依然存在难以跨越的阻碍。首先，数据共享未实现，虽然出版公司通过市场调研、收集电商平台和分销渠道来获得数据，但是各商业主体出于自身利益和数据安全的考虑，并未达成数据共享的共识。因此，出版公司所获取的用户数据较为单一、数据量较为有限，无法实现真正的智能化。真实、准确的用户数据是实现智能出版的基础，但近年来，人为制造数据、制造虚假数据的欺诈行为屡见不鲜。国际科技咨询机构Gartner进行了相关的调查发现，哪怕是在全球顶尖企业的信息系统中，都存在着至少25%的不准确或者虚假数据，在出版业中，各大电商平台中充斥着大量的"水军"评论，从而起到误导平台、用户对相应书目分析的作用。算法能够助力出版业发展，也能起到相反的作用，某些机构将算法程序或者机器人水军伪装成正常用户，恶意制造留言并使其和真实用户的评价相互混淆，从而实现广告欺诈，出版业面临着数据透明度低、信任机制缺乏的窘境。

▶▶ 二、算法传播与新闻实践变革

1. 算法传播中新闻实践的数字化转向

在算法传播中，数据是推动自动化新闻生产的核心，形成了新闻实践的数字化转向。2013年，评论家戴维·布鲁克斯（David Brooks）在《纽约时报》专栏评论人发表"The Philosophy of Data"一文，首次提出"数据主义"这一概念："若是让来描述当今正在兴起的哲学思潮，我将称之为数据主义。"2015年，《纽约时报》科技版记者洛尔

（Steve Lohr）出版一本名为《大数据主义》的书籍，他在书中写道："我们已经进入大数据时代……从长远来看，大数据技术必将发展成为数据驱动的人工智能，驻留于数码巨力与物理世界的顶层。"[①] 数据主义的核心则是算法，赫拉利（Harari）在《时间简史》中笃定地相信"21世纪将是由算法主导的世纪"，因为算法已经可以说是这个世界上最重要的概念。大数据成了算法传播时代的主要原材料，新闻生产发生了颠覆性的变革，通过分析数据以及使用自然语言生成软件模拟传统的新闻写作，自动化制作某类特殊的新闻故事。此外，数据并非冷冰冰的代码，而是由"文本、声音或者具有颜色的图片，或任何可以被算法收集、组织和分析的信息构成"[②]。以大数据作为材料，可视化数字新闻成了一种重要的数据分析与呈现的手段，常见的有散点图、折线图或者各种图形与图片的整合，被应用在多种新闻报道当中。

数字新闻的可视化带有更加新颖的功能和视觉效果。在功能方面，可视化数字新闻可通过视觉呈现的方式来突出新闻重点，新冠疫情初期，澎湃新闻等媒体与外部内容创作方合作，陆续上线了实时更新的疫情地图，算法抓取实时的疫情数据，并在地图中进行呈现，根据颜色划分了中高风险地区，并通过标签标注了高风险场所。在地图下方则实时更新着新增病例以及各个政府机构、主流媒体关于舆情的情况通报，可以随时查询到各个地方的疫情情况。在西方，路透社曾评估了新冠疫情期间的可视化作品的效果，《华盛顿邮报》生产的"冠状病毒模拟器"（Coronavirus simulator）在短时间内创造了该报的最高历史访问纪录，所获效益足以支撑整个新闻可视化部门的运营费用。可以说，可视化的数字新闻准确地描摹了算法传播时代技术与社会的关系，将应用、适应、使用等人与技术的具体互动机制涵括其中。在视觉效果方面，可视化数字新闻可以通过视觉的呈现来影响人们的感知、情绪和观点，通过对视觉符号的框架式编码，导致用户通过相同的认知框架来理解新闻中所传递的信息。在2020年的美国大选中，《卫报》所做的选举投票可视化图，利用州、县的面积代表投票数，给人一种共和党（浅色）的选票比民主党（深色）的选票多的感觉，但事实上，选举是"人民投票，不是土地投票"，最终民主党的拜登以306票击败了232票的特朗普。《卫报》通过对可视化编码的操纵影响了选民的认知，结果带来的巨大落差令众多共和党支持者情绪崩溃。

---

① 史蒂夫·洛尔. 大数据主义 [M]. 胡小锐，朱胜超，译. 北京：中信出版集团，2015.
② D'IGNAZIO C, KLEIN L F. Data feminism [M]. Cambridge：MIT press，2020.

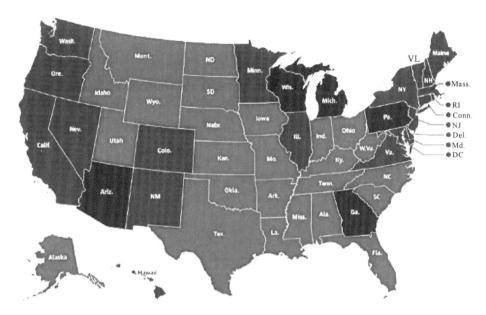

图 6-2 《卫报》选举投票可视化图：浅色代表共和党选票，深色代表民主党选票

可视化数字新闻也会带来用户认知上的偏倚。可视化的数字新闻可以给用户带来"有图有真相"的阅读感受，但这种"真相"在源头上存在偏倚的可能。在数据源上，很大一部分算法收集的信息并未被用户认可和许可，也没有对数据进行脱敏处理，依旧携带着用户的身份信息、个人标签、用户行为信息等。在数据处理上，存在着数据缺失、编码错误、程序本身具有偏见的情况，这也可能导致可视化呈现的偏差。在视觉生产上，生产者自身美学规范的欠缺和统计学常识的缺失都会影响可视化数字新闻整体的视觉效果及认知偏倚。站在用户的角度上来说，每个人具备不同的知识、经验和想法，在解读上也会出现偏倚。皮尤研究中心（Pew Research Center）的一项报告中指出，媒体在进行科学传播中经常使用散点图，但仍有将近 40% 的美国人无法正确理解散点图。用户在对可视化数字新闻进行解读时，会出现与新闻传递的信息出现偏差的情况。对新闻机构而言，可视化数字新闻的大量应用会令机构越来越依赖于通过数据来进行新闻报道，记者坐在办公室便能通过算法收集的数据进行新闻生产，习惯于此种方式后会产生对新闻现场的疏离，但事情发生的现场才是记者验证新闻真实性和客观性的关键场景。

为了消除可视化数字新闻带来的偏倚，可以从以下几个方面来促进可视化呈现的客观性和透明性，首先是开放数据库，促进可视化数字新闻的事实核查。在很多情况下，难以获取官方完整的信息，新闻编辑室会利用算法来自行收集、筛选所需要的数据，数据来源多是来自第三方的机构，因此存在数据上的偏差，也增加了可视化生产的难度。数据、解释脚本、可视化算法都能够影响数字新闻产生偏倚的要素，将数据、具体算法公开有利于用户对新闻事件进行事实核查，从而对数据、算法进行优化修正，增加后续可视化数字新闻的准确性。例如，澎湃新闻开设的"美数课"课程，将原始数据、图表可视化和实操方法公开，从而提高公共的数字新闻素养，有利于摆脱它带来的认知偏倚。其次是将可视化数字新闻实践经验标准化。如何获取尽可能客观的数据，如何进行专业化的可视化生产，这些都需要通过经验累积来不断地调适，若是有经验的媒体能够进行互通共享，对生产经验进行标准化，形成可视化数字新闻的规范，例如对数据质量的判断、数据来源的标注、可视化操作的流程等进行整理，形成一个基础的、适合新闻机构的基础化准则，就能减少机构学习可视化操作时的成本，将更多的时间放在内容、技术的创新上。

2. 算法传播中新闻实践的平台化转向

随着算法传播形态的崛起，平台成了新闻实践的主要场所。2012年，以算法作为技术架构的今日头条和一点资讯两大新闻聚合平台相继成立，拉开了算法进军中国新闻业的序幕。在新闻制作方面，算法可以用来分析数据、撰写故事，为新闻编辑室提供素材、生成视频新闻，或者为新闻报道提供服务和建议等。在新闻分发方面，今日头条等平台实现了"无编辑化"的新闻分发方式，在第38次中国互联网信息中心（CNNIC）的报告中明确指出，基于用户兴趣的"算法分发"模式已经成了互联网中新闻分发的主要方式。以Buzzfeed、今日头条为代表的中外新闻类聚合平台开始崛起，并对传统媒体进行围剿，新闻聚合类平台对内容分发的渠道进行了垄断式的控制，平台可以将所有传统媒体的内容进行整合后二次分发，满足了用户多样化的消费观念，"编辑分发"模式转向了"算法分发"模式。在新闻策展中，智能化算法具有强大的数据处理能力，能够处理包括新闻背景、进度、意见、评论等综合性信息，将事实层面和意见层面的整体面貌进行呈现，并进行对应的智能化新闻策展活动。算法传播型塑了全新的新闻实践方式，这不仅仅是为现有的新闻报道添加了新工具，还改变了新闻实践的场景，传统的新闻由记者、编辑进行采编，通过自身的出版或者播出渠道来进行新闻的分发。如今这些过程都能在互联网平台中由算法所统帅，并形成传播闭环，新闻实践活动从现实的场景转向了平台化。

新闻实践活动平台化转向的第一个特征是社交化。Buzzfeed便是具有代表性的社交类新闻聚合平台，Buzzfeed所生产的新闻内容不仅在平台内传播，还会被分享到Twitter、Facebook、Snapchat、Instagram、YouTube和Pinterest等社交媒体上，用户可以在平台内部进行社交互动，也可以在社交平台中通过Buzzfeed的外部链接发起讨论。平台技术团队通过Pound技术分析新闻内容在各大社交媒体中的传播路径与方式，以及用户的行为逻辑和互动机制，从而为用户提供能够促进社交关系发展的新闻资讯，以此来增强用户的黏性，并通过社交参与的方式来吸引新的用户。在中国，微博是将新闻生产与社交结合得最紧密的代表性互联网平台，媒体在微博中发布文字、图片、视频、音频等所构成的新闻，并通过算法进行推送，例如，热搜榜、本地榜、首页推荐等，感兴趣的用户会在新闻评论区进行交流甚至争论，微博则会在新闻底部推荐其他相关的新闻超链接，引导用户的新闻浏览路径。新闻社交化的转向使得私人化的议题越来越受到关注，私人化议题可以高度适配用户的兴趣，因此在用户的数量及日均使用时长方面，都远远超过了普通的新闻平台，这也会导致公共议题的重要性的衰退。

新闻实践活动平台化转向的第二个特征是视频化。美国学者盖伊·塔奇曼在《做新闻》一书中指出，新闻生产是一个复杂的社会化生产过程。在 Web 2.0 时代，互联网中的新闻内容是由 UGC（用户生产内容）、PGC（专业生产内容）、OGC（职业生产内容）三者所组成，特别是由平台用户所生产的 UGC，成了新闻生产的重要信源，激发了民间新闻生产的力量，这个时期的内容主要以文字与图片为主。到了 Web 3.0 时期，移动通信技术的升级使带宽具有高速度、低延时、低功耗的特点，视频平台随之风靡，以腾讯、爱奇艺、优酷等为代表的传统视频平台与以快手、抖音等为代表的短视频平台，成了用户日常生活中不可或缺的一部分，根据 CNNIC 第 49 次调查，网络视频、短视频用户使用率分别为 94.5% 和 90.5%。新闻实践活动也从文字、图片的形式转向视频化模式，媒体可以通过网络直播、短视频、长视频等方式来打造新闻内容，并结合 UGC 形成 PUGC（即 PGC + UGC）模式，利用用户作为拍客拓展自身的内容来源，在遇上紧急事件或者突发新闻时，基于位置信息邀请目击者通过直播或者发送现场视频参与到新闻制作中来。资讯类平台"梨视频"在 2016 年便通过结合 UGC 和 PGC 的方式来保证平台生产的新闻内容的质量，从而规避虚假新闻、谣言等的出现，除此之外，"梨视频"还引进了美国 Wochit 平台的在线智能视频生成技术，由智能机器来生产视频新闻，提高新闻生产的效率。以新华社为代表的主流媒体也将机器生成内容（MGC）应用在视频新闻的制作之中，视频新闻成了顺应算法传播的新闻形式。

平台化转向将原本在现实空间的新闻实践活动转移到数字化场域中，新闻实践活动与社交活动、分享活动等相互交织、融合，互相之间的边界变得越来越模糊，可以说，在平台社会中，新闻的严肃性正在逐渐消逝，如何去重塑新闻的权威性成了一个严峻、亟待解决的问题。

3. 算法传播中新闻实践的情感化转向

在算法传播时代，可视化的数字新闻通过动态交互的方式进行传播，用户卷入算法的自动化新闻生产中，并与其形成人机互动和情感的传播。例如，在《纽约时报》曾获得全球数据新闻可视化奖的《重塑纽约》报道，便是采用动态交互可视化的方式进行展示，选用了位置、角度相似度在90%以上、全屏18帧、12幅前后对比照，来呈现纽约12年来建筑群的变化。用户通过点击新闻首页不同区域的图片链接来进入到不同年代的纽约，时间轴被打散分解，用户可以进入到任何时期的纽约建筑空间，可视化数据新闻将人们记忆中抽象的纽约具象化，把信息变成了用户感觉、情感上可以感受、触碰到的信息。在战争报道中，数字新闻的情感传播来得更为直观，《卫报》曾经生产过一篇伊拉克战争中英籍士兵死亡情况的可视化数字新闻报道，该报道以战争为主题，死亡人数、死亡原因和事发地地理位置等详细信息数据为基础，在谷歌地图中对伊拉克战争中英籍人员的伤亡情况进行标注，地图中的每一个红点都代表着一次战争中的死伤事件，39万个红点聚集组成了令人震撼的画面。用户可以通过点击红点来查看战争日志，日志中包含了每个事件的细节，使用户直面战争现场，报道发布后，英国国内舆论瞬时爆发，最后促使英国从伊拉克撤兵。可视化的数字新闻可以将传统媒体中"很难传达的非逻辑、非理性信息具象化、情景化，这种情感化、关系化、可触摸化的传播手段，在数据新闻时代产生了重要作用，增强了受众的感情黏度，从而使之形成一种沉浸式传播"①。

图6-3　《卫报》可视化报道

实际上，用户不仅能在可视化数字新闻中直观感受其中所要传达的情绪，还与算法相勾连卷入自动化的新闻生产，以"数据众包"的形式参与到新闻的策展与意义生成当中。在算法传播时代，策展者（传统新闻策展者为职业新闻编辑）很难在以亿为计量单位的用户平台中保持高效的信息处理能力，策展的制作周期、人力资源都受到了很大的挑战，人工新闻策展日渐乏力。以算法作为核心的智能化策展则能准确、快速地处理包括新闻背景、进度、意见、评论等综合性信息，将事实层面和意见层面的整体面貌进行呈现，并进行对应的新闻策展活动。

---

① 王长潇，徐静，耿绍宝. 数据新闻可视化的域外实践及发展趋势［J］. 传媒，2016（14）：32–35.

智能化新闻策展分为两类，一类是基于事件演化的新闻策展，这类策展与传统策展活动侧重点一致，利用传统主题跟踪算法（Traditional Topic Tracking）来将重点放在种子事件中，后续的相关报道均以其作为基准。也可以利用算法的自适应主题追踪（Adaptive Topic Tracking）来追踪流动、开放的事件，在事件不同阶段做出对应的解读。另一类是基于意见过滤的观点策展，这一类策展活动侧重于用户的情感关系，算法把用户的投票、评论、举报记录等意见收集起来，将其中高质量的评论数据进行话语分析，从中归纳提炼出用户的观点，并进行对应的观点策展，从而形成"用户—用户"的情感联系。在这个过程中，用户根据算法推送的新闻体验获得了某种特定的情感，通过评论、转发、分享加入到新闻的实践活动中。被卷入策展活动中的用户以情感为基础要素形成社群，现有研究表明，共同的情感体验会影响用户分享新闻的方式和基调，且新闻中不同强度的情感要素会导致用户在内容分享和选择时做出特定选择。在智能化策展的作用下，用户能够形成情感共同体，在社交媒体、新闻聚合平台、短视频等平台中加入同一个群组或者在同一个议题下进行互动。

算法传播中的新闻以一种定制化、对话式的方式进行传播，用户的兴趣、喜好和价值成为新闻实践的准则，长期沉浸在这种传播生态下的用户也会产生路径依赖，选择符合自身情感或者自己更加信任的媒体、朋友所生产、分享的新闻。客观性和社会责任是传统媒体理念中的核心要素，它们尽最大可能避免带有偏向、感情的报道，但在算法传播时代，数据驱动下的新闻实践活动的"情感转向"成了一个重要的发展方向，形成了一套新的评价体系，新闻在多大程度上满足用户的情感需求成为传播效果重要评判标准。社交媒体则加速了这个趋势，既有研究表明，社交媒体中对新闻报道的负面评论会明显降低用户对新闻本身的信任和重视程度，并且越是负面评论越生动，看起来越真实，对新闻报道造成的负面影响便越大。可以说，算法传播时代的新闻报道不再是独立存在的，而是与用户、平台紧密勾连，新闻报道与用户之间的关系变得越发情感化、私人化和个性化。一方面，新闻报道中的情感能够获得用户的共鸣，另一方面，也容易造成用户的情绪失控，媒体对速度、效率的追求使如今的新闻报道失去了大量要素和信息，变得越来越碎片化、简单化。算法的推荐和推送使用户在同一时间内接受了大量的同质化内容，从而形成用户情绪的爆发，但后续所揭露的信息内容可能和前面片段完全相反，这时用户会爆发出与之前不同情绪，一个新闻事件存在着多次反转，导致用户情绪的失控。

在算法传播时代，情感化的报道成为媒体新闻生产的一种趋势，也是新闻从业者在这个时代所使用的话语策略，情感成了联结新闻从业者和用户之间的协商机制，新闻的文体和叙事方式变得越来越重要，"越来越多的新闻从业者开始以'讲故事'而非'呈现事实'的心态展开报道活动"[①]。在情感成为新闻的报道和话语策略时，我们陷入了一个高度情感化的新闻生态中，以往作为新闻核心价值的"客观性""透明性"逐渐被瓦解，取而代之的是形成新闻报道和用户之间的共享情感网络。

▶▶ 小 结

本讲针对算法传播中的传媒业变革进行展开，主要围绕算法传播中新闻业态重构与新闻实践变革两个部分，论述了算法传播在改变传媒业格局的同时也重塑了新闻实践活动。

在新闻业态重构中，首先是探讨了算法传播如何推动媒体融合发展，在媒体结构转型上，以"中央厨房"作为信息枢纽构建全媒体平台，整合了各种类型和层次的媒体；在信息服务和社会服务的融合上，媒体和城市、社会之间形成了紧密的联结，嵌入基础社会的治理体系中；在塑造媒体融合的算法思维上，通过内容生产、渠道整合与信息分发来塑造品牌调性。

在智慧广电的转型中，算法可以通过收集、分析用户以及节目收视率等信息，将用户的评价前置作为节目生产的参考和标准，为电视台的资源优化和收视率预测提供参考系。在内容推荐方面，OTT TV 基于用户喜好、热门趋势等要素来进行首页剧集推送。在应用场景上，智慧广电可以和智慧家庭服务、环境安防监控、直播带货、医疗问诊等相结合，从而推动智慧广电的发展。但智慧广电在人才队伍上存在较大缺口，需要通过人才教育和人才培训来培养专业化、技术化、职业化的人才。

在出版业改革中，算法可以实现内容的精准化定制，机器定制的个性化内容将会成为趋势。在出版审核与编辑方面，算法大幅度提高了审核与编辑的效率，能够有效地减少出版内容错误及知识性错误。在出版物营销与分发方面，打造"以用户为中心、以位置为基准、以服务为价值"的场景化模式。但由于平台之间的壁垒无法打破，出版公司所获得的数据较为单一，无法做到真正的智能化，并且平台中存在着大量的机器人水军，将会误导出版公司、平台、用户的判断。

本讲第二个讨论的问题是算法传播中的新闻实践活动发生了哪些变化，并从数字化转向、平台化转向、情感化转向三个方面进行了梳理。

在新闻实践的数字化转向中，算法通过分析数据以及使用自然语言生成软件模拟传统的新闻写作，并通过可视化的数字新闻进行呈现。在功能方面，可视化数字新闻可以

---

① 常江，田浩. 数字新闻学的理念再造与范式革新：基于在三个国家展开的研究［J］. 东岳论丛，2021，42（06）：171 – 180.

通过视觉呈现的方式来突出新闻重点；在视觉效果方面，可视化数字新闻可以通过视觉的呈现来影响人们的感知、情绪和观点。可视化数字新闻通过框架式编码，将用户引导到同样的认知框架中，带来了用户认知上的偏倚。为了消除偏倚，未来可以通过开放数据库来促进可视化新闻的事实核查，并通过将可视化新闻实践经验标准化的方式来制定合法化的操作准则，从而增加可视化报道中的"透明性"和"客观性"。

在新闻实践的平台化转向中，社交化是第一个特征，算法通过分析新闻在各大社交媒体中的传播路径与方式，以及用户的行为逻辑和互动机制，为其提供能够促进社交关系发展的信息，以此来增强用户的黏性和吸引新的用户。第二个特征是视频化，Web 3.0 时期，移动通信技术的升级使带宽具有高速度、低延时、低功耗的特点，视频平台随之风靡，平台结合 UGC 和 PGC 的方式来保证平台生产的新闻内容的质量，除此之外，还将机器生成内容（MGC）应用在视频新闻的制作之中。平台化转向消解了新闻实践活动的边界，令新闻的权威性、严肃性受到了挑战。

在新闻实践的情感化转向中，用户的兴趣、喜好和价值成了新闻实践的准则，算法在进行新闻策展时将用户的情感连接作为策展点，被卷入策展活动中的用户以情感为基础要素形成社群，在社交媒体、新闻聚合、短视频等平台中加入同一个群组或者在同一个议题下进行互动，情感化的新闻报道可以引起用户之间的共鸣，也可以造成用户的情绪失控。新闻实践活动的情感化转向重点在于通过新闻的文体和叙事方式来讲述故事，带来了一个高度情感化的新闻生态，瓦解了传统的"客观性"概念。

【思考题】

（1）传媒业未来会朝着什么方向发展？新闻实践活动中的人会被算法所取代吗？

（2）算法等智能技术在新闻实践活动中崛起后，如何保证人在其中的主体性？

（3）随着新闻生产朝着视频化和情感化转向，如何保证新闻报道的客观性？

【推荐阅读书目】

[1]《重建新闻：数字时代的都市新闻业》，C. W. 安德森著，王辰瑶译，中国传媒大学出版社，2022 年版.

[2]《智能传播：理论、应用与治理》，陈昌凤主编，中国社会科学出版社，2021年版.

[3]《智能营销传播理论与实践研究》，廖秉宜等著，中国社会科学出版社，2021年版.

[4]《吉光片羽：人工智能时代的出版转型》，张新新著，清华大学出版社，2019年版.

[5]《物联网与智慧广电》，冯景锋、曹志、姚琼主编，电子工业出版社，2021年版.

[6]《媒体融合时代的内容生产与信息传播》，刘杉著，中国传媒大学出版社，2020年版.

[7]《智能技术驱动传媒业变革》，张立、曲俊霖、张新雯著，社会科学文献出版社，2021年版.

[8]《万物皆媒5G时代传媒应用与发展路径》，唐俊著，复旦大学出版社，2021年版.

[9]《融合与发展：数据时代的新闻与传播》，张聪主编，知识产权出版社，2019年版.

[10]《传播、技术与社会研究读本》，石力月主编，上海交通大学出版社，2020年版.

参考文献

[1]黎斌.从媒体功能升级看媒体融合的核心战略[J].传媒,2019(19):23-25.

[2]广电猎酷.智慧广电、物联未来[EB/OL].[2019-02-12](2020-07-08).http://jsgd.jiangsu.gov.cn/art/2019/2/12/art_69985_8112838.html.

[3]董俊峰,尹颖.智慧广电新形势下的人才培养探究[J].中国广播电视学刊,2020(02):53-57.

[4]史蒂夫·洛尔.大数据主义[M].胡小锐,朱胜超,译.北京:中信出版社集团,2015.

[5]D'IGNAZIO C, KLEIN L F. Data feminism[M]. Cambridge：MIT press,2020.

[6]中国互联网信息中心.第38次中国互联网络发展状况统计报告[EB/OL].[2016-08-03](2020-07-08).http://www.cac.gov.cn/2016-08/03/c_1119326372.htm.

[7]王长潇,徐静,耿绍宝.数据新闻可视化的域外实践及发展趋势[J].传媒,2016(14):32-35.

[8]常江,田浩.数字新闻学的理念再造与范式革新:基于在三个国家展开的研究[J].东岳论丛,2021,42(06):171-180.

第七讲

算法新闻样态

时下，我们已经处于以"人工智能"为核心的 Web 3.0 时代，算法新闻正是这个时代的全新产物，自其诞生并被用于新闻实践以来，已经从欧美等发达国家逐渐向发展中国家推广，被广泛应用于财经、体育和天气类的新闻报道活动之中。不同于过往的媒介技术，算法新闻在人工智能、大数据和算法技术的加持下逐渐突破了工具属性的限制，具备了前所未有的主体性，它打破了人类对新闻报道的绝对垄断权，以其极强的技术力量重塑了整个新闻业，为新闻业带来了全新的可能性。在带来新变革的同时，算法新闻也极大冲击了传统新闻业，且也给新闻理念与新闻实践层面带来了全新的问题。本讲主要对算法新闻的定义及其实践发展历程进行简单梳理，并对算法新闻带来的新变革与新问题以及对算法新闻在新闻实践与新闻理念上带来的冲击与重塑进行详细介绍。

▶▶ 一、算法新闻定义及其实践发展历程

进入 21 世纪，随着人工智能、大数据和算法等技术迅速发展并且广泛应用于新闻生产的各个环节，新闻行业逐渐出现"算法转向"，算法新闻（Algorithmic Journalism）也在此期间应运而生。算法新闻又称机器人新闻（Robot Journalism）或自动化新闻（Automated Journalism），美国圣路易斯大学传播学研究学者马特·卡尔森（Matt Carlson）将其定义为在没有或者有限的人类干预下，由预先设定的程序将数据转化为新闻文本的自动算法过程①。其理论渊源来自 20 世纪 60—70 年代盛行的精确新闻学，这种理念强调信息处理技术的重要性，认为信息处理技术是新闻客观性、科学方法和科学理想的重要保障，以算法技术为核心的算法新闻是这一理念在新闻生产实践中的具体表现和最新发展。

算法新闻最早的雏形源于写作机器算法。在 1976 年，全球首套故事写作机器算法诞生于耶鲁大学，正式开启了机器模拟人类写作的先河。随后在 1988 年，法国欧洲工商管理学院营销学教授菲利普·帕克（Philip Parker）研发了一种算法出版软件系统，它能自动收集信息资料，自主产生话题队列，自主创建图书撰写模板，并且能够在一小时内写出一本书。这是人类在写作机器算法领域最早期的技术探索，但是受限于技术缺陷，机器写作的算法设计仍然存在诸多不足，其生产的作品在文字可读性上欠佳，且文字作品也局限在如商业报告等冷门领域，用户针对性较强。因此在这一时期，写作机器算法并没有获得过多关注。

2006 年 3 月，跨国商业数据供应商汤普森金融公司（Thomson Financial）开始使用

---

① CARLSON M. The robotic reporter: Automated journalism and the redefinition of labor, compositional forms, and journalistic authority[J]. Digital journalism, 2015, 3(3): 416–431.

计算机程序对相关财经数据进行加工、处理和整合，并通过内置的算法生成完整的经济和金融类的新闻报道，以代替传统的人类财经记者从事的事实性新闻报道工作，这也是全球范围内最早的算法新闻实践。同一年，路透社开始使用算法在其官网上编辑财经新闻。一年之后，美国自动洞见科技公司（Automated Insights）正式推出可用于撰写如体育、财经类新闻报道的自动化新闻软件 World Smith。在这一时期，算法新闻开始走进人们的视野，并获得了一定的关注，但是人们对它的评价则褒贬不一。有人认为算法新闻拥有远超人类的效率，是未来新闻业发展的一个方向。但是也有人认为，算法新闻只能做到对数据的事实性陈述，并不能对数据背后所蕴含的深意进行挖掘与合理分析。

到 2009 年，算法新闻正式进入实践层面的快速扩张期。美国西北大学智能信息实验室研发并推出了一款名为"统计猴"（Stats Monkey）的自动化新闻写作软件，它可以从网页中抓取大学生棒球比赛中的选手、赛事分数和胜率等信息，并且在 12 秒内生成赛事报道，随后"统计猴"被应用于财经报道之中。该项目的两位研发成员退出研发团队后，在 2010 年共同成立了叙事科学（Narrative Science）公司，专职于算法新闻软件的开发，如旗下"鹅毛笔"（Quill）软件被《洛杉矶时报》采用并投入实际的新闻生产之中。自动洞见公司同年推出算法新闻产品并被纽约广播公共电台采用，用于报道美国大学篮球联赛 NCAA。2014 年 3 月 18 日，美国加利福尼亚州发生 4.1 级地震。《洛杉矶时报》通过"地震机器人"，一款由该报记者肯·史文克（Ken Schwencke）编写的算法新闻写作程序，抓取了美国地质勘探局电脑系统发布的信息，在 3 分钟之内率先发布新闻报道，发布速度远远领先于其他同行媒体。"地震机器人"的成功运用，使得"算法新闻""机器人新闻"和"自动化新闻"等名词第一次真正意义上出现在大众视野，获得人们广泛关注并引发诸多讨论。

时至今日，国外诸多媒体纷纷入场，通过独立研发或是与科技公司合作的方式开发自己的算法新闻产品。如《纽约时报》研发的 Blossom、《华盛顿邮报》开发的 TruthTeller、《洛杉矶时报》主导的智能内嵌模板、《卫报》启动的 Open001、路透社推出的 OpenCalais 等相继投入应用，在国际新闻界掀起一场算法新闻的风潮。来自欧美的三家科技企业主导了整个算法新闻行业，分别是总部位于美国伊利诺伊州的叙事科学公司、总部位于美国北卡罗来纳州的自动洞见公司和总部分别位于美国得克萨斯州、纽约州和法国巴黎的伊索（Yseop）公司。其主要业务就是开发各类算法新闻产品给不同新闻机构与媒体使用，或是接受媒体的委托，与其合作共同研发相应的算法新闻程序。

算法新闻的理念与相关技术探索实践都发端于西方，相对于欧美的先发优势，我国新闻媒体对于算法新闻的认知和研发使用则相对起步较晚。2015 年 9 月 10 日，腾讯发布了国内首篇由机器人 Dreamwriter 撰写的财经新闻《8 月 CPI 同比上涨 2% 创 12 个月新高》，这篇报道不仅对 CPI 数据展开了一定的介绍，同时还引用了该领域的专家和业内相关人士的观点。这是我国算法新闻的首次尝试。随后在 2015 年 11 月，新华社迎来首位机器人员工——"快笔小新"，专职于财经新闻领域的稿件撰写，它可以根据股票代码在 3 秒之内生成一篇具有一定专业性的财报分析。算法新闻自此在我国迅速发展，在体育、财经、气象和健康领域等，都可以看见它们的身影。2018 年两会，新华社利用国内首个媒体人工智能平台"媒体大脑"首次在两会报道中使用 MGC 新闻，该平台功能强大，不仅仅局限于对舆情数据等进行分析，还可以根据原始数据资料生产可视化图表，对视频素材进行智能配音、剪辑和输出。如今，我国已经产生了一批具有代表性的算法新闻产品，如腾讯的"Dreamwriter"、新华社的"快笔小新"、光明网的"光明机器人"、阿里巴巴集团与第一财经合作研发的"DT 稿王"、今日头条的"张小明"、百度的"写作机器人"、《南方都市报》的"小南"、封面新闻的"小封"等。

　　经历数十年的发展，如今的算法新闻在整个新闻传媒业中的应用范围不断扩大，其生产的新闻稿件在所有新闻报道中所占的比重也在不断增加，其针对不同用户的个性化报道内容，也满足了时下人们日益增长的信息需求。算法新闻的兴起，也给新闻行业带来了一场全新的变革，在改造新闻生产和传播的全流程、颠覆已有新闻业的组织架构、重塑新闻业的面貌等不同方面发挥着举足轻重的作用。

▶▶ 二、算法新闻对新闻理论的变革

①. 算法新闻对传统新闻理念的冲击

　　算法新闻以其高效率、低成本的优势，在新闻传媒业中广受欢迎，这种由技术主体所主导的新闻生产模式，对过往百年间人类主导的新闻实践所形成的新闻理论造成了巨大冲击。算法新闻所拥有的技术中立的承诺和新闻定制化特征，与传统新闻业所秉持的新闻专业主义中的"客观性原则"和"公共性原则"完全背道而驰。

　　传统新闻业的一切基础都来源于新闻专业主义中的规范性原则——客观性，正如科瓦奇和罗森斯蒂尔在其著作《新闻学的十大基本原则》中所说的，"新闻业对一个文化而言有其独特的作用：为公民提供实现自由所需的独立、可靠、准确、全面的信息"[①]。因此，记者通过对新闻专业主义的信奉与承诺，将自身放在一个不偏不倚、完全中立的观察者的位置，将客观世界所发生的事件用新闻报道再现给公众并赢得信任。但是这终究只是理想化的情况。在现实社会中，随着新闻业的持续演进，如今的新闻业已经不再完全局限于对现实世界的描述性记录，更多的时候是对世界的解释性报道，记者在对新

---

① 科瓦奇，罗森斯蒂尔. 新闻的十大基本原则［M］. 北京：北京大学出版社，2014.

闻进行新闻报道的过程中往往会受到自身价值倾向、个人主观性和整个等级社会的影响，因此这种所谓的客观性也经常经受后现代主义和后结构主义中关于知识偶然性（Contingency of Knowledge）的指责①。但是算法新闻的核心——算法技术，自其诞生之日起，便被打上了天然的客观性的标签，技术在其自动化运转过程之中完全不受任何主观思想的影响，人们直接将算法的客观性等同于新闻的客观性。即便算法新闻目前仍然无法创造风格完美的新闻文本，但是它可以实现对绝对事实、客观知识的承诺。因此有人认为，只要新闻知识生产的理念基础是客观性，那么新闻算法就应该处于绝对优势的位置②。但是这种"客观性"只是一个精心设计的幻想，算法程序自诞生之时便被植入了人类的主观偏见，无论是数据选择的标准，还是对数据进行整合重组的规则，都蕴含着设计者的个人观点，而随着算法运转，这种偏见最终会被放大到社会层面，形成整个社会的偏见。

算法新闻带来的另一个冲击便是新闻定制化，它可以通过对用户阅读行为数据的收集分析形成用户画像，并以此为基础，为用户提供符合其阅读需求的个性化新闻。个性化新闻可以给予用户更好的信息消费体验，用户可以在信息爆炸的社会中随时接收到自己最想了解的新闻。但是这种信息传播的个性化转向却在逐渐瓦解新闻专业主义中的公共性。传统新闻时代，新闻业所服务的对象为整个社会大众，新闻生产也以社会大众这个整体概念为标准，在进行新闻选择时，受版面和人力限制，往往会倾向于将最具有新闻价值、当前最需要人们知道的事件告知公众，并促成公众讨论，其关键逻辑在于"人们需要知道什么"。算法新闻使得新闻大规模 + 低成本生产成为现实，并且算法新闻程序设置下的技术框架并非哈贝马斯所提出的协商式的，而是一种可以通过大数据来进行预测和分析的聚集性的受众。这时算法新闻在进行新闻生产时已经摒弃了传统新闻业所追求的"公共性"，其逻辑起点已经转变为"个性化"的"这个人想要关注什么"。算法通过云端画像敏锐捕捉到个体需求并为其提供他们当前最想了解的新闻，但是却不能从公共性出发，在满足用户的个性化需求之外为其提供真正优质的、具备公共讨论基础的内容。而过度的个性化也往往使人们围于个体偏好所形成的一个个过滤气泡之中，长时间地沉溺也让用户观点逐渐极化，再难以形成公共讨论的基础，这无异于是对新闻业公共性的削弱。

算法新闻带来的又一个冲击便是算法权威的崛起，这在很大程度上对传统的新闻专

---

① CARLSON M. Automating judgment？ Algorithmic judgment，news knowledge，and journalistic professionalism［J］. New media & society，2018，20（5）：1755 – 1772.

② CARLSON M. Automating judgment？ Algorithmic judgment，news knowledge，and journalistic professionalism［J］. New media & society，2018，20（5）：1755 – 1772.

业主义产生了消极影响。算法新闻大大提升了人们的消费体验，也改变了新闻知识生产的逻辑起点——从新闻价值到个性需求的变迁，其拥趸者相信技术可以使得他们更轻易获得自己想要知道的信息。算法客观性让人们将人类主观性与计算机程序的无意识自动化客观性（Unthinking Automated Objectivity）进行比较[①]，人们开始相信算法并不会掺杂人类在新闻判断过程中的主观性和个人偏见，算法生成并输出的新闻要优于人类所安排的新闻，过往通过主观性和新闻实践所制度化的新闻判断逐渐被算法判断所取代。这一系列的改变，削弱了新闻业的权威性，人们开始信奉技术神话，取而代之的是算法权威的崛起。

2. 算法新闻的新闻伦理审视

算法新闻将整个新闻的生产框架都纳入到算法的计算之中，重塑了整个新闻生产流程，其强大的主体性迫使记者、编辑和媒介机构等不得不把自身的一部分权力和责任让渡出来，致使原有的新闻生产逻辑被完全重组，因此也产生一系列全新的新闻伦理问题。

算法新闻以其强大的技术遮蔽性，将整个新闻生产流程完全纳入了"算法黑箱"之中，一旦算法新闻的程序完全设定，无论是前期算法在进行机器学习的过程，或是后期正式进行新闻生产的过程，其具体运算规则都不为我们，乃至程序员所知，最后人们只能沦为被动的信息接收者。随着"技术中立"的承诺被打破，算法可能在设计之初便被植入了设计者本身的偏见，产生固有的"算法偏见"，并随着算法程序的运转，"算法偏见"随着新闻报道被放大到社会之中，最终形成社会偏见。正如尼曼新闻实验室（Nieman Lab）发布的一篇文章显示，YouTube 的算法即便是在自动运转的情况下，也会存在宣扬阴谋论等极端主义的观点。并且更为关键的是，"算法黑箱"与新闻业所要求的透明性原则形成了根本上的冲突，后者要求无论是新闻界内部的人士还是外部的人士都可以有机会去监视、核查、批评，甚至是干涉新闻生产的过程。但是写作算法往往是媒体机构和企业的核心商业机密，并不会随意向外界公布。这种横亘于政府机构和社会中间的中间形态，在资本的裹挟之下形成全新的算法权力，成为社会舆论的实际操控者。

"算法黑箱"还影响着后续新闻报道的生成与分发。数据是算法新闻赖以生存的基础，这关系到生成的新闻报道的质量高低。算法新闻的数据来源往往包括各类社交平台网站、各种商业数据库和专门的信息系统。但这种依靠数据进行内容生成的方式往往存

---

① 马特·卡尔森，张建中. 自动化判断? 算法判断、新闻知识与新闻专业主义 [J]. 新闻记者，2018（03）：83 - 96.

在诸多风险，一旦数据来源不明，或是数据本身存在一定不足，那么在此基础上形成的新闻报道的真实性可靠性也难以经受住考验，这有悖于新闻业设立之初的"报道事实"的行业初衷，而"算法黑箱"却让我们无法知晓它筛选加工数据的具体规则，当新闻失实行为产生后也会带来更大的核实成本。此外，这种基于数据进行新闻生产的方式也会和用户的隐私保护形成冲突，在内容生成环节，算法新闻在互联网上抓取用户留下的数字痕迹，而在分发环节，这些数字痕迹亦是形成用户画像的关键。用户仿佛置身于杰米里·边沁所说的"圆形监狱"之中，使用者不知道自己的数据是否被监视、如何被监视，更无法有效察觉自己的数据是否流失或者被滥用。而如今用户数据被泄露的事件也已屡见不鲜，2018 年 3 月，Facebook 的数据泄露事件被媒体曝光，超 5000 万的用户数据在用户本人不知情的情况下，被政治数据公司"剑桥分析"获取并利用；2020 年，微软公司披露，时间跨度 14 年、数量多达 2.5 亿条的客户服务和支持记录在网上被泄露。置身于算法社会，用户所拥有的资讯自决权已经成为一纸空文。

因此，治理算法新闻的各种新闻伦理问题，打开"算法黑箱"，增加"算法透明度"成为关键。"算法透明度"可以被理解为"阐明哪些与算法有关的信息可以被公开的机制"，包括"披露算法如何驱动各种计算系统从而允许用户确定操作中的价值、偏差或意识形态，以便理解新闻产品中的隐含观点"。[①] 贯彻"算法透明度"，公开算法信息也可以在一定程度上增加公众对于该机构的信任度和美誉度，而目前的实践之中也已经有今日头条等内容聚合平台公开其部分推荐算法。我们要明白的一点是，算法新闻其本质仍然是人类创造并使用的技术工具，最终的伦理责任主体仍然是人类自身。因此要彻底贯彻"算法透明度"，最为关键的还是要基于开放伦理（Open Ethics）的理论视角，建立算法新闻的协同治理体系，让各个行动者参与到治理过程中来。落实在实践之中，政府机构主体应承担好法律层面的管控者的角色，颁布算法新闻相关的法律法规，将算法新闻的治理划入法治的框架之下，正如 2022 年 3 月 11 日正式实施的《互联网信息服务算法推荐管理规定》使得算法推荐有法可依；而媒体机构和内容企业等应积极履行自身的社会责任，接受监管，加强对技术人员的新闻伦理意识的培养；最后是用户主体的主动监督，但是要指出的是，由于算法技术本身过高的复杂度，用户理解起来需要较高的知识成本，在这一层面，企业等主体可以开发一定的算法工具以加强用户对算法新闻的理解，增强其能动作用。

③ 算法新闻与人机传播范式的建构

传播学诞生的百年历史中，传播都被界定为由技术作为中介的人类行为，整个学科

---

① DIAKOPOULOS N, KOLISKA M. Algorithmic transparency in the news media[J]. Digital journalism, 2017, 5(7)：809 – 828.

的研究也集中于探讨人们如何交换信息及其意义。但是随着人工智能技术的发展，我们发现如今由算法技术驱动的算法新闻，已经不再仅仅是人类进行信息传播的中介和渠道，对我们发出的命令做出机械式反应，而是开始逐渐成为传播过程中传播者的角色，它可以充分认知并理解人类的语言，并最终利用人类语言与用户直接对话。算法新闻可以直接撰写新闻并推送给用户，同时也可以直接与用户进行交流。如 BuzzFeed 开发的 Buzzbot 可以使用各种 emoji 表情直接与用户进行互动，对用户进行采访，并记录用户的态度观点。准确地理解，此时的算法新闻已经是集内容生产、选择、分发等功能为一体的超级传播者，通过对传播对象、传播内容、传播过程和传播效果的闭环式控制，逐渐成为深度解构传统新闻业、重塑当前乃至未来传媒行业的关键力量。

　　基于这种现状，我们可以认为，以算法新闻为首的智能媒介技术已经完全冲击了人类中心主义范式下建立起来传播学学科体系。但是面对这种冲击，我们却仍然用传统的传播学理论来解读技术主体与人类之间的传播行为，如我们将智能技术与个人之间的互动框定为人际传播，将算法新闻针对社会大众的传播行为定义为大众传播。这种解读无疑是用人类标准来框定技术与人之间的传播，忽视了这种传播行为的特殊性，并为其划定了一个永久的边界。正如美国弗罗里达大学学者帕特克里·斯宾塞（Patric R. Spence）所质疑的，人类传播法则是否应该成为解释新技术传播的"黄金标准"？这样做又是否限制未来传播研究发展的范围？纵观现在学界所涌现的数字传播、计算传播等研究成果，仍然没有突破这一标准。我们所要做的应该是突破人类中心主义范式，将技术放在与我们平等的对立面，在人类传播领域之外创造一套专门用于研究技术与人之间的传播行为及其意义创造的体系框架，"人机传播"于此应运而生。人机传播并非是人类传播边界之内的任何一种传播类型的延续或变体，也不是人类传播中涌现的某种新形态，而是一种以算法新闻此类智能技术体为中心的全新传播形态。

　　其实将技术作为传播者，观察并研究人机交互的理论渊源早已有之。最早的如美国信息学者 C. 香农和 W. 韦弗所提出的香农-韦弗模式，香农在对其进行解释之时便蕴含了机器与人之间的信息传递行为。到 20 世纪 90 年代，斯坦福大学传播学系学者克利福德·纳斯（Cliffod Nass）及其同事便提出了"计算机作为社会行动者"（CASA）的理论框架。随后，该理论框架被进一步演化为"媒介是社会行动者"（MASA），对作为社会行动者的媒介在场和社会影响进行考察。在这些理论框架中，技术都已经不再完全是传播中介和传播渠道，直接为人机传播研究提供了强有力的理论支撑。而人机传播的使命就是要彻底突破技术作为中介的束缚，平等讨论人类与算法新闻此类智能技术体之间的互动行为，关注技术主导下的传播过程、传播效果及其社会意义，人类对技术传播的态度、感知和行为反应。

当前学界其实已有从人机交互的角度探寻技术对人类在认知等各层面的影响，如韩国学者 Krämer 团队探讨社交机器人陪伴效应的研究①，美国学者 Hinds 研究在与人形和非人形机器人交互时的责任感差异②，日本学者 Kanda 和 Ishiguro 探讨公共场合的服务机器人的社会影响③。但是这些研究都缺乏统一的理论框架指导，且都局限于"交互"的角度，而人机传播的建立可以让学者们从"传播"的视角出发成体系地思考人机之间的意义创造和社会影响，它不再仅仅是局限于传播学科之内的研究范式，而是跨越了计算机科学、工程学、人机工程学、人工智能和信息科学等众多学科领域，涵盖了人机交互、人—机器人交互（HRI）、人—智能体交互（HAI）和计算机媒介传播（CMC）等理论。人机传播研究范式的建立，不仅可以让我们突破传播本体论的角度重新审视传播行为、边界和人机关系，同时也让我们可以从社会科学的角度为人工智能发展建言献策。

▶▶ 三、算法新闻与新闻实践的变革

1. 算法新闻对新闻生产的重塑

算法新闻的强势入场，对新闻生产全流程进行重塑，从数据采集、内容生成到内容分发，都被纳入了算法的框架之中，实现了新闻生产的自动化、新闻内容的多样化和新闻消费的个性化。在新闻生产主体上，算法新闻不再局限于媒介技术的工具属性地位，具有了过往媒介技术从未具有的主体性，一跃成为全新的生产主体，人类记者失去了对新闻的绝对主导权。在算法进行新闻生产的过程中，以数据和算法为核心，除去一开始的程序设计阶段，在后续的信息采集、文本生成和分发等各个步骤中，均可以自动化运行，不需要人类进行干预。且算法新闻并不具备人类的主观情绪，这种自动化新闻生产模式具有远超于人类记者的新闻生产效率、传播效率和极低的生产成本。瑞典本土媒体 Mittmedia 的机器人记者"Homeowners Bot"在应用的前四个月就成为最高产的"记者"，其撰写文章超 1 万篇；而瑞士在 2018 年进行选举之时，算法新闻软件 Tobi 仅花费 5 分钟便为媒体机构 Tamedia 生产了近 4 万篇有关选举结果的新闻。此外，算法新闻还可以辅助人类记者进行新闻生产，并提高其工作效率。《钱江晚报》的小冰可以在公开社交平台中进行数据抓取，挑选热点事件并配置网友对该新闻的观点，最后生成新闻卡片供

① KRÄMER N C, EIMLER S, VON DER PUTTEN A, et al. Theory of companions: what can theoretical models contribute to applications and understanding of human-robot interaction? [J]. Applied Artificial Intelligence, 2011, 25(6): 474 – 502.

② HINDS P J, ROBERTS T L, Jones H. Whose job is it anyway? A study of human-robot interaction in a collaborative task[J]. Human-Computer Interaction, 2004, 19(1 – 2): 151 – 181.

③ KANDA T, ISHIGURO H. Human-robot interaction in social robotics[M]. Leiden: CRC Press, 2017.

记者参考。有研究认为，算法新闻应用下的新闻自动化生产，已经推动新闻业进入了"新闻工业化时代"①。

　　而算法新闻对新闻生产带来的另外一个变化就是新闻内容的多样化。进入算法新闻时代，"训话式新闻"或"作为演讲的新闻"逐渐被用户抛弃，一些具有互动感和体验感的新闻形式逐渐涌现出来。算法新闻不仅可以生产传统文字新闻产品，同时也可以实现人机对话，让用户在聊天对话中获得其想了解的新闻内容，实现"聊新闻"的全新形式。如 CNN 的聊天机器人不仅可以向用户推送当天的头条新闻和故事梗概，同时用户也可以向其提问，以获得自己想要的信息。《钱江晚报》的"小冰"更进一步，在与其对话之中，不仅可以使用文字，同时还可以使用语音和图片等富媒体（Rich Media，指具有动画、声音、视频或交互性的信息传播方法）进行交流。"聊新闻"的形式让新闻传播回归到人际传播的基础模式，并且通过一种对话的亲密感增加了用户黏性，新闻不再只是由传者到受者的单向传播。除了"聊新闻"，算法新闻还可以自动生成音频、视频等内容形式提供给用户消费。如 2018 年新华社使用人工智能平台"媒体大脑"进行两会报道，"媒体大脑"不仅可以自动分析舆情数据，还可以生产可视化图表，并进行智能配音、剪辑、输出。

　　而在新闻分发环节，算法新闻也可以通过其极低的新闻生产成本对用户进行新闻定制，实现大规模的新闻定制化。在传统新闻时代，媒体并不能对用户兴趣进行准确预测，记者编辑进行新闻选择的标准为新闻价值，但是算法新闻却可以通过对用户数据的收集，准确捕捉用户数据，并为用户进行新闻定制，打造其专属的新闻内容。而在新闻分发环节，算法新闻具备了全新的"发行营销框架"，可以根据用户在大数据平台上注册的性别、年龄、偏好等个人信息和位置、天地等时空维度信息，形成算法推荐模型，建构用户需求与信息供给的精准匹配机制，并以此为基础向用户推荐特定领域的对象化精准信息，最后可以根据用户使用反馈及阅读行为的演化，不断修正并完善推荐方案。在算法新闻时代，用户的重要性前所未有地拔高，媒体与用户之间的一次性消费关系转变为媒体的全程式信息服务，用户的个性化信息需求被充分满足，其黏度前所未有地增加。在《泰晤士报》为期一年的 Google DNI 项目中，其 AI 助手 JAMES 服务了 10 万多名读者，在一个样本组中，JAMES 充分拉动低参与度的读者，将其流失率降低了 49%。

　　2. 算法新闻冲击下的新闻职业认同危机

　　算法新闻不同于过往的媒介技术，它不仅仅完全从属于人类记者，作为他们在日常新闻生产中的辅助工具，而且具有了过往的媒介技术从未拥有的主体性，成了新闻实践

---

① 邓建国. 机器人新闻：原理、风险和影响［J］. 新闻记者，2016（09）：10-17.

中全新的参与者，可以独立进行新闻写作。随着算法技术的日益发展，如今算法新闻生成的新闻作品质量大幅提升，普通的读者用户已经不能区分算法新闻与人类记者生产的新闻报道，甚至因为算法所呈现的中立和客观的技术特征，算法新闻报道在可信度上相对于人类记者的新闻报道更有优势。并且算法新闻其个性化报道的特点相对于用户而言也会有更大的吸引力。路透研究院发布的报告《碎片化新闻环境中的品牌和信任》显示，大多数受访者，尤其是年轻一代，更倾向于让算法而不是编辑决定他们看到什么新闻。此外，算法新闻相对于人类记者而言拥有更高的生产效率和更低的生产成本。2015年5月，美国国家公共电台（NPR）驻白宫记者 Scott Horsley 和自动洞见公司的算法新闻软件 WordSmith 展开了一次写稿比赛，前者花费 7 分钟，而算法新闻软件只用了 2 分钟。算法新闻这种大规模且高效率的新闻生产能力可以使得新闻机构在几乎没有任何边际成本的前提下获取更多的用户，这对时下盈利模式失灵的传统新闻机构而言无疑是救命稻草。面对算法新闻的飞速发展，不少新闻机构对其持欢迎态度，并且表示引进算法新闻后人类记者减少的可能性最大。

算法新闻的强势并不仅仅是体现在生产效率和成本这些表象之上，更为关键在于它严重威胁并削弱了人类记者的主体性，人类记者逐渐失去了在新闻报道中的主导性，智能算法这种技术体已经开始取代人类记者在新闻价值判断和新闻产品决策中扮演的角色。马克思·韦伯曾在其著作《社会组织和经济组织理论》一书中提出"以知识为基础而进行控制的实践"，控制知识——谁可以生产知识，知识应该以什么样的形式呈现，以及谁有资格消费知识——对于边界建构和合法性的确立至关重要。传统新闻时代，新闻业垄断了对世界进行再现并解读的权力，通过新闻报道的知识实践来告知受众并塑造受众，而记者的"认知权威"依靠其拥有新闻生产的技能而存在，但是由于新闻报道本身是面向普通社会大众的，记者的"认知权威"相对于律师、医生等职业本就具有一定的脆弱性，而算法新闻的出现则是彻底打破了记者的"认知权威"，甚至于已经掀起了对人类记者"替代论"的观点，认为随着算法新闻的全面铺开，记者失业已无法避免。叙事科学公司首席技术官、联合创始人克里斯蒂安·哈蒙德（Kristian Hammond）在接受《连线》杂志采访时预测：在 15 年内，有 90% 的文章将由算法写就。

这一系列变化，造成了人类记者前所未有的职业认同危机，其身份也正在经历一定的转型。当前记者等采编人员已经逐渐开始向"元记者"和"元编辑"等身份过渡转型，其主要任务除了对新闻事件的采写报道之外，更多的任务集中于对算法新闻进行维护，如通过撰写新闻模板等方式来优化算法新闻的叙事语言，淡化算法新闻报道中的算法语言痕迹。要实现算法新闻时代人类记者的价值重塑，其首要任务是拥抱并接纳技术，而非拒绝技术，形成技术思维，与技术融合共生。正如腾讯研究院在其报告《人工智能时代：新闻业的谢幕与重生》中所说，拥抱人工智能可能被其吞噬，而抗拒新技术无异于自杀①。必须明确，媒介技术与新闻业深度融合发展始终是未来的发展方向。

此外，当前算法新闻也并不是全方位地对人类记者进行替代，目前算法新闻能胜任的仍然广泛集中于消息、通讯等事实性报道的低语境信息生产，而在如深度报道等阐释性报道的高语境领域仍然力不从心。如果不想被技术替代，唯一路径便是理解并顺应技术发展，同时锻炼自身的基本功。同时结合前文所说的算法新闻对公共性的瓦解，人类记者更应发挥自己在深度报道等领域的长处，立足"人本精神"，不仅仅再是新闻舆论的引导者，更应该是舆论的发起者和创造者，在观点日益极化的舆论场中，引导并达成公众之间的理论讨论，重新促进社会整合。

3. 算法新闻的版权保护研究

当算法新闻可以独立生成新闻报道之后，引出的一个关键问题就是算法新闻应该由谁署名，其生成的新闻内容是否具有版权。厘清这个问题也关系着用户对于新闻写作主体的知情权，且当算法新闻生成内容一旦产生了内容不实，或是诽谤他人的情况，应该由谁来承担相应的责任。而对于算法新闻的版权问题探讨并非没有必要性。在现实社会的法律实践中，2019年我国就有腾讯的新闻机器人Dreamwriter系列著作权纠纷案产生；沙特阿拉伯已经授予机器人"索菲亚"公民身份；俄罗斯2017年完成的法律草案《在完善机器人领域关系法律调整部分修改俄罗斯联邦民法典的联邦法律》也确认了机器人的法律地位。这些都彰显了算法驱动的各类智能技术体的主体地位，而一旦成为法律主体，那么便理应享受法律所赋予的著作权等权利。

对于算法新闻是否享有版权也应首先围绕其主体性展开。不可否认，当前算法新闻已经不再是仅仅作为一种工具来辅助记者进行新闻生产，它逐渐升格成为全新的传播主体，在新闻传播活动的全流程之中，从事着和人类一样的传播活动。因此学界也有很多学者依据此观点提出算法新闻已经可以享有完全的著作权保护。但是这种观点具备一定的片面性，它只看到了算法新闻进行内容生产及传播活动的主体性，却忽视了当算法新闻生成的新闻报道产生新闻失实和诽谤等情况时承担责任后果能力的有限性。前文也多次提及，当前算法新闻基于数据的新闻生产模式和算法本身设计缺陷等问题，其生成的新闻报道完全存在内容失实的可能性。当产生这种情况时，我们再来审视算法新闻的主体性，便会发现，如果当前让技术成为完整的伦理责任主体是一种无稽之谈，那么法律追责往往无从谈起，甚至会成为许多算法新闻所属机构逃避法律责任的完美借口。

---

① 腾讯研究院. 人工智能时代：新闻业的谢幕与重生［EB/OL］.［2018-02-01］（2020-09-08）. https：//cloud. tencent/developer/article/1033846.

而探讨算法新闻是否享有版权的另一关键点在于其生成的新闻报道能否被归类于"作品"范畴。著作权法对于作品最根本性的要求在于"独创"一词,将其拆解便是作品必须是独立完成且富有创造性的。在"独立"这一范畴之内,算法新闻在新闻报道的过程中确实可以做到全程没有任何人工干涉,完全依靠内置算法模型对数据按照新闻模板进行重组拼接,并最终生成。而在"创造"层面,许多英美法系国家的法律将"额头出汗"和"最低创造性"作为创造性的认定标准,即作品只要有最低限度的劳动投入且并非抄袭即可,在这之中便隐含了其创作主体必须是人的观点,而在具体的法律实践中,如《美国版权局实施纲要》就明文规定"任何作品都必须由人来创造,才有资格成为作者的作品",并明确表示"版权办公室拒绝注册仅由机器或机械程序任意或自动生成、缺乏人类创造性投入或干扰的作品"[1]。而在大陆法系国家,如日本和德国等国家在其法律体系之中都明确规定了作品中的创造性主体必须是人,算法新闻这种技术体生成的内容不能满足作品中创造性的要求。算法新闻目前进行新闻写作的本质便是抓取数据之后放置于内置的新闻模板中进行要素组合,属于执行既定流程和方法,并通过计算获得确定的结果,一旦创作要求超出其模板之外,算法新闻便无能为力。

因此结合算法新闻在主体层面的有限性和生成作品在法律层面的定义,即便是算法新闻已经不同于过往的媒介技术,本文也并不倾向于给予当前算法新闻完全独立的著作权,强行赋予其完整的著作权反而会混淆责任主体,导致既有的著作权保护体系的紊乱。但同时,算法新闻生成的作品作为对数据进行运用重组的结果,具有法律意义上的客体性和财产性,理应受到法律保护,正如许多大陆法系国家的著作权法中也对没有付出智力却付出投资的传播作品也提供保护,并且针对内容失实所产生的责任伦理后果也应建立清晰的权责归属体系。因此,本文更倾向于将这种缺乏创造性,但仍然具备财产性的算法新闻作品纳入著作权之中加以规范,同时结合算法新闻进行内容生成的独立性和当前诸多主流的新闻媒体机构的算法新闻实践,如《南方都市报》的小南、腾讯的"Dreamwriter"和今日头条的"张小明"都会在报道中注明文章是由机器人生成的,将新闻报道的署名权归属于算法新闻本体,这不仅是对其区别于过往工具属性的媒介技术的一种肯定,同时也是对公众知情权的一种保护。而其他部分权利和侵权责任后果等,因算法新闻不具备承担责任后果的能力,而归属于算法新闻所属的新闻机构所有,这样不仅可以激发新闻机构运用算法新闻的积极性,同时也可以明晰侵权行为产生时的法律宣判。而这种改变,也顺应了技术潮流推动下著作权法随之演进的客观规律。

---

① KASUNIC R. Copyright from inside the Box: A View from the US Copyright Office[J]. Colum. JL & Arts, 2015, 39: 311.

4. 算法新闻浪潮下人机关系的重塑

在算法新闻之前的媒介技术都从属于工具的客体地位，它们往往服从于人类主体，为记者、编辑等使用以进一步提高其工作效率，在用户端更好地满足其信息需求等。正如麦克卢汉在其著作《理解媒介：论人的延伸》中所提出的"一切技术都是人体的延伸"的观点，所有的媒介技术在其看来都是对人体某个感官的延伸。在这一时期，我们与技术之间的互动呈现"膝跳反应"般的机械关系，技术仅仅能对我们的指令做出反馈，但是并不能主动迎合我们，对我们的认知产生影响，这时候的人机关系更多呈现的是一种人机分离的趋势。

而算法新闻不同于过往的媒介技术，具有了前所未有的主体性和自主性。机器人可在人的指挥和监督下执行任务，而不需要人类控制所有动作。这将开始突破人类手动控制机器人的局限，推动人类转变为监督者的角色。人类仅下达执行某种任务的指令，机器人自主执行。而这也是历史上第一次技术代替人类进行新闻生产的实践，在新闻生产端一度产生了对人类记者"替代论"的观点，在用户端它可以对用户的信息需求做出回应，这种改变也推动人机关系进入了一个全新的阶段。

但是，当前的我们仍然会囿于"人类中心主义"和"机器中心主义"的窠臼来对人机关系进行粗暴的划分，始终将技术与人进行二元对立。在"人类中心主义"范式下，人们仍然习惯于用"主奴论"和"工具论"来定义技术，将技术归入客体范畴，形成以主体诉求满足和理性意志支配为内容与价值取向的单向性、支配性和工具性的关系结构。在新闻实践中，算法新闻仅仅是增强人类信息获取能力和判断能力的工具，人类记者永远是新闻生产的核心，而"算法新闻的主体化"只是一种浪漫主义"迷思"[1]，技术永远无法理解新闻报道中所蕴含的人类情感和创造力。但是"机器中心主义"的拥趸者坚持认为算法新闻已经具有了前所未有的主体性，在数据采集与分析，新闻报道成本、范围和效率上拥有远超于人类的优势，并且在用户端，算法新闻可以对用户数据进行学习，根据用户的偏好推荐个性化新闻，并塑造其认知，成为未来新闻业的主导者是大势所趋，而人类记者只能逐渐被淘汰或是转型成为算法新闻的日常维护者。

这两种观点都片面强调技术和人的作用，只看见他们之间的对立状态，却忽视了技术与人之间的相互影响与相互塑造。在现实的新闻实践中，算法新闻通过人机界面交互，主动抓取数据等行为，广泛采集人类的数字痕迹存储并进行深度学习，不断优化自身；而人通过算法新闻可以更好地释放信息生产能力，同时通过算法推荐寻找到信息与人之间匹配的路径，并且还能够根据用户反馈及时做出调整，满足用户信息需求的同时

---

① 杨保军. 简论智能新闻的主体性［J］. 现代传播（中国传媒大学学报），2018，40（11）：32－36.

也减少了寻找信息的成本；而在新闻生产端，算法新闻业也在劳动密集型的工作层面解放了人类记者，让其可以更好地从事深度新闻等智力型工作。总体而言，在这种动态化的人机交互之中，人的意向性被传递到了机器之上，形成了一种"人机共生"的关系，实现了人类与外部世界更加广泛而深入的物理性连接。

▶▶ 小　结

算法新闻承袭于精确新闻学的理论渊源，是如今新闻传媒业步入"算法转向"后的最新实践。随着新闻传媒业与媒介技术的联系日益紧密，算法新闻在经过近半个世纪的发展后，如今在新闻业的应用范围愈发广泛，国内外诸多权威媒体都先后推出了自己的算法新闻产品。而算法新闻也凭借其强大的技术力量，对当前的新闻实践和新闻理念都带来了前所未有的冲击与变革，新闻业在与算法新闻的互动之中不断向前发展，在面对全新的可能性的同时也产生了一些新的问题。

首先，在新闻理念层面，算法新闻技术中立的承诺和新闻定制化与新闻专业主义中的"客观性"和"公共性"背道而驰，带来了如算法偏见、过滤气泡和算法权威崛起等问题。而算法新闻"技术黑箱"中新闻生产特征与新闻透明性原则相悖，其数据采集和充足规则完全不为外界所知，不仅与用户隐私保护形成冲突，同时也极其容易产生新闻失实。算法新闻这种前所未有的技术智能体，如今已经不再局限于传播中介和渠道的客体位置，而是逐渐演变为全新的传播主体，冲击了人类中心主义范式下建立的传播学学科体系，我们亟须建立人机传播范式来对机器与人之间的传播行为、传播过程和传播效果等进行研究。其次，在新闻实践层面，算法新闻推动新闻生产自动化、新闻内容多样化和新闻消费个性化，但是它同时也剥夺了人类在新闻报道中的主导性，引起了新闻记者的职业认同危机，人类记者必须发掘自身的能力，寻找算法新闻所不能替代的优势，回归人本精神，为用户创造出更好的新闻产品，做公共舆论的发起者和创造者，促成公共讨论。而也正是这种主体性，引发了人们对算法新闻版权保护的探讨，必须要指出的是，算法新闻在主体性方面仍然存在一定的局限性，并且其生成的新闻报道并不能构成法律意义上的作品，因此不能赋予其完整著作权，而是将著作权的构成要件进行拆分，署名权归属于算法新闻，其他权益及侵权等责任后果归属于新闻机构。最后，一系列变化也激发了人们对人机关系的全新思考，在算法新闻时代，我们不能再囿于人与技术的二元对立观点，而是应该认识到人与技术之间彼此塑造、彼此影响的作用，未来的人机关系应该是在"人机共生"中彼此促进。

算法新闻已经不再仅仅是一种普通的媒介技术，它所蕴含的技术破坏力正在打破新闻业中的旧秩序，同时塑造新秩序。迈入算法新闻时代，我们所要做的不应是拒绝，而是拥抱如算法新闻这样的智能化技术。正如美国学者迈克尔·海姆（Michael Heim）在其著作《从界面到网络空间——虚拟实在的形而上学》中所说：我们与信息机器的恋情昭示着一种共生关系，而最终是我们与技术的精神联姻。同时我们也要革新理论，站在人机传播的视角下重新审视人与技术，并最终在人机共生中不断探索全新形态的新闻业。

 【思考题】

（1）算法新闻是否是新闻业未来发展的趋势？算法新闻会对已有媒介形成替代吗？

（2）算法新闻等智能技术广泛崛起后，人机传播研究范式应该如何演进？

（3）随着算法新闻被广泛应用，未来的新闻编辑室中还会存在人类记者的身影吗？

 【推荐阅读书目】

[1]《人机交互视角下算法新闻的价值观传播研究》，黄鸿业著，中国社会科学出版社，2022年版.

[2]《智能传播环境下的新闻生产》，王佳航著，中国广播影视出版社，2020年版.

[3]《智能传播》，李本乾、吴舫编著，上海交通大学出版社，2018年版.

[4]《从界面到网络空间 虚拟实在的形而上学》，迈克尔·海姆著，上海科技教育出版社，1997年版.

[5]《算法新闻》，塔娜、唐铮著，中国人民大学出版社，2019年版.

[6]《计算传播学——智能媒体时代的传播学研究新范式》，刘庆振、于进、牛新权著，人民日报出版社，2019年版.

[7]《人工智能会取代人类吗？智能时代的人类未来》，托比·沃尔什著，北京联合出版，2018年版.

[8]《传播的进化：人工智能将如何重塑人类的交流》，牟怡著，清华大学出版社，2017年版.

[9]《机器70年：互联网、大数据、人工智能带来的人类变革》，徐曦著，人民邮电出版社，2017年版.

[10]《未来已来：媒介技术变革与传播业态重塑》，潘晓婷著，中国国际广播出版社，2021年版.

参考文献

［1］CARLSON M. The robotic reporter：Automated journalism and the redefinition of labor, compositional forms, and journalistic authority［J］. Digital journalism, 2015, 3(3)：416 – 431.

［2］科瓦奇,罗森斯蒂尔.新闻的十大基本原则［M］.北京:北京大学出版社,2014.

［3］CARLSON M. Automating judgment？Algorithmic judgment, news knowledge, and journalistic professionalism［J］. New media & society, 2018, 20(5)：1755 – 1772.

［4］马特·卡尔森,张建中.自动化判断？算法判断、新闻知识与新闻专业主义［J］.新闻记者,2018(03)：83 – 96.

［5］DIAKOPOULOS N, KOLISKA M. Algorithmic transparency in the news media［J］. Digital journalism, 2017, 5(7)：809 – 828.

［6］KRÄMER N C, EIMLER S, VON DER PUTTEN A, et al. Theory of companions：what can theoretical models contribute to applications and understanding of human-robot interaction？［J］. Applied Artificial Intelligence, 2011, 25(6)：474 – 502.

［7］HINDS P J, ROBERTS T L, JONES H. Whose job is it anyway? A study of human-robot interaction in a collaborative task［J］. Human-Computer Interaction, 2004, 19(1 – 2)：151 – 181.

［8］KANDA T, Ishiguro H. Human-robot interaction in social robotics［M］. Leiden CRC Press, 2017.

［9］邓建国.机器人新闻:原理、风险和影响［J］.新闻记者,2016(09)：10 – 17.

［10］腾讯研究院.人工智能时代:新闻业的谢幕与重生［EB/OL］.［2018 – 02 – 01］(2020 – 09 – 08). https://cloud. tencent/developer/article/1033846.

［11］KASUNIC R. Copyright from inside the Box：A View from the US Copyright Office［J］. Colum. JL & Arts, 2015, 39：311.

［12］杨保军.简论智能新闻的主体性［J］.现代传播(中国传媒大学学报),2018,40(11)：32 – 36.

第八讲

算法传播中的平台媒体

　　进入 Web 2.0 时代，随着数字技术和互联网技术的裂变式发展，互联网平台的概念应运而生，并在近年来聚焦了国内外学界与业界的目光。作为一种新型的传播媒介，平台显然已经演化为重要的社会基础设施，成为传播信息资讯、提供服务与娱乐的重要场域。其交互性、个性化、定制化的特征无一不显示出互联网时代的思维方式与运行规则。

　　2015 年，学者安妮·赫尔蒙德（Anne Helmond）提出了"平台化"的概念，用以指代"平台成为社交网络主要基础设施和经济模式的趋势以及社交媒体平台扩展到其他网络空间所带来的后果"。[①] 中外学界基于平台的功能将其分为不同的类型。荷兰学者约瑟·范·迪克（José van Dijck）在《平台社会：连接世界中的公共价值》一书中区分了平台的两种类型：一种是基础平台，这类平台构成了组建其他基础平台与应用程序的生态系统，如美国的"五巨头"科技公司；另一种是行业平台，为特定行业和市场提供垂直服务，如新闻资讯、购物、娱乐等。在我国，国家市场监督管理总局发布了《互联网平台分类分级指南》，依据连接对象和主要功能，将平台分为六大类：网络销售类平台、生活服务类平台、社交娱乐类平台、信息资讯类平台、金融服务类平台和计算应用类平台。

　　不论使用何种分类方式，看似不同的平台却有着相同的运作逻辑，这一逻辑的主体就是算法。作为平台的底层技术架构，算法在互联网发展以及平台化转型的过程中发挥着决定性作用。各类型算法的深度嵌入改变了平台内容生产流程，重塑了传播权力格局，从而改变了平台使用者的获知模式。将目光放置到更广阔的视域，平台与社会深度融合，建构了个人生活、工作的全新场域，在这一过程中，算法是平台化社会的根基。与此同时，算法作为勾连技术与资本的中介，"平台生态系统"正在全方位塑造着社会的文化结构与人类的生活方式，对个体进行隐蔽而有力的操纵，引发一系列公共价值与公共利益危机。

　　本讲内容根据国内外学者的分类标准，社交媒体平台、短视频平台、流媒体平台、购物平台与围绕新闻聚合平台中的算法传播展开分析，探究不同平台的不同算法的应用实践，并用批判的眼光看待平台媒体中的一系列问题。

▶▶ 一、社交媒体平台中的算法传播

　　通信技术和计算机技术的发展不断拉近人们的社交距离，从书信、电报到电话、网

---

　　① ANNE H. The Platformization of the Web: Making Web Data Platform Ready[J]. Social Media + Society, 2015,1(2):1-11.

络，人与人之间搭建联系变得越来越简单便利。社交媒体（Social Media）平台的崛起更是真正实现了"海内存知己，天涯若比邻"，用户动动手指，足不出户就能够与相隔万里的亲人、朋友进行互动。社交媒体平台可以按照社交关系连接的强弱分为不同的类型。以微信为代表的熟人社交是一种强连接关系，更多的是人们现实生活中的社交关系在互联网平台中的延伸，而微博、小红书等平台则是一种弱连接下的互动与交流，尽管也会通过读取用户的通讯录来寻找现实中的好友，但上述平台主要还是以陌生人社交为主。相比基于人际传播的强连接，算法在以微博为代表的弱连接平台发挥的作用更为突出，成为建构个性化信息流的主要推手。在算法技术加持之下，微博从最初的资讯平台逐渐演变为如今的集信息搜索、热点整理、时事资讯于一体的、主流文化与亚文化共生共存的复杂场域。

以微博为例，该社交媒体平台算法推荐的模式主要有三种：基于内容的推荐、基于协同过滤的推荐和基于混合方法的推荐。这些综合运用的算法集合能够在最大限度上保证平台用户都有机会接触到自己真正感兴趣的内容。如今，用户拥有高度的选择权，兴趣主导了用户的信息选择行为，社交媒体也为用户搭建了一个"自身兴趣决定内容"的个性化传播场域。在算法技术的加持之下，形成"用户兴趣—内容呈现"的直接模型①。社交平台依托算法技术推断用户喜好，形成"用户兴趣—算法推断—内容呈现"的间接模型。而微博的"推荐流"运作机制将以上两者进行结合，形成"用户兴趣—算法推断—内容呈现"的优化完整模型。

微博的个性化推荐算法具有三个显著特征：一是相关性，即算法认为特定用户会对特定的内容感兴趣，与其相关；二是个性化，即基于个体用户的画像、其所表达的显性兴趣、浏览与交互行为记录等进行计算，推荐个性化的内容，相对于大众传播时代的集体注意力，算法更多形塑个性化的注意力，即不同受众可能看到不同内容，关注不同议题；三是适时性，算法不仅提示我们该注意什么，更提醒我们何时应该注意。微博平台已经改变了传统的"实时"模式，转而根据双方的交往密切程度等计算并"适时"推荐。正是这样的适时推荐模式，造成了用户观看某一博主的内容频率越高，该博主的内容更新越会出现在推荐信息流顶部的推荐现象。

除了建构个体用户信息流的个性化推荐算法，聚合算法类型中的热点算法（Trending Algorithm）也是建构起微博这一社交平台信息流的重要算法机制。热点算法，即对全体网民关注的焦点、热点问题进行计算的应用程序。基于特定时间、特定群体、

---

① 陈逸君. "用户兴趣—算法推断—内容呈现"模型：微博推荐流的运作机制探析［J］. 现代传播（中国传媒大学学报），2022，44（05）：143－152.

监测并提取产生最大交互行为（通常包括浏览、转发、点赞、评论等）的议题与事件，并以平台"热搜"、"热门话题榜"的形式呈现出来。热点算法主要倾向于高参与性（网民热议）、新颖性（非常态）、及时性的内容，当然，也会排除政治不正确或违反法律、伦理原则的内容。与个性化推荐算法不同，聚合化的热点算法为用户提供了一套标准化的热点提示。个性化推荐算法与热点算法的运行机制不同，但两者之间关联紧密。当个性化推荐算法形成的个体注意力达到了一定规模，就会被热点算法捕捉，从而进入更广阔的信息流。微博正是依靠这两种算法机制，形成了个性化与热点相结合的运营模式。

在经济利益的促使下，技术与利益的合谋带来算法推荐合理性的剥离，造成热搜榜逐渐空洞无物，产生泛娱乐化的倾向。法兰克福学派第二代旗手哈贝马斯提出了公共领域的概念，意为地理与政治权力之外的，公民自由讨论公共事务、参与政治事务的活动空间。公共领域是介于国家与社会两者之间的公共空间，公民可以在这个地带自由地发表言论而不受到国家政治的干涉。微博作为准公共领域不断异化，为用户带来一个全新的、异化的数字化生存空间。算法促成的热度神话不断压缩用户的自主选择权，以一种极难察觉的方式压抑了用户的主动性，干预用户的决策用户正在被技术驯化，被算法投喂。这一现象的出现不断解构着微博作为准公共领域的社会价值。马克斯·韦伯将权力定义为"实现自己意志的能力"，罗素则认为权力是进行有意的努力以产生预期的效果，达尔文认为权力是影响力。智媒时代的特征是算法与权力的相互交融。斯科特·拉什（Scott Lash）将与技术交融的权力概括为四个转变，即表达转向交流、外部特征转向话语内在机制、规范性逻辑转向事实性逻辑以及权力运行方式由认识论转向本体论，这四个转变形成一种全新的权力范式的实现逻辑。算法技术的背后暗含着权力，在微博这一场域中，算法作为中立的技术受到权力的操纵，暗含权力的意志。在微博平台中，算法用隐蔽且有力的手段，压缩用户的网络自由阈值。

与其他平台一样，作为社交平台的微博也存在信息泄漏的风险。尽管超话、私信等形式为用户带来了更为私密的交流空间，平台也会提示用户异地登录、账号异常等情况，但微博用户隐私泄露的事件时有发生。用户的注册手机号、通讯录好友、位置等个人信息时时刻刻都存在泄露风险。微博官方也曾承认过在用户个人信息管理方面存在漏洞。元宇宙的兴起使每个用户都有了数字具身，在数据建构的虚拟社会中，警惕用户个人隐私在算法操纵下成为可以交易与牟利的商品，变成一个重要的课题。

视角转向国外，国外诸如 YouTube 等主流社交媒体平台的兴起，从算法作为切入口的研究也随之勃兴。以美国为例，第 45 任美国总统特朗普，被称为"推特总统"，他利用推特（Twitter）平台汇聚政治能量，为自己赢得大量选民。双向赋权下的社交媒体给予居于高位的领导人和普罗大众进行去中介化互动的权力。这种去中介化的互动在增强交流双方的关系黏性、亲近感与沉浸感方面，显然优于传统媒体时代下以大众媒体的渠道单向灌输信息给民众的方式。算法精准传播将用户的行为数据化，并描摹出细致且清晰的用户画像，由此实现高度精准的信息分发。此种新型传播方式在鼓噪舆论方面与传统媒体时代的传播方式截然不同。以往的舆论宣传声势浩荡，无人不知，无人不晓，而今基于算法的传播机制则以点对点的方式，以一种极为隐蔽的方式，针对不同类型的人群，精准投放相关政治信息，以此改变公众的政治认知，制造仿真舆论，影响选民的投票行为。

因此，国外，尤其是美国新闻与传播学界，对算法传播研究的聚焦点更多在政治领域，"政治极化"议题也是该领域中的典型现象。在算法精准传播的语境下，选民们所接触、感知、理解到的信息都是基于算法的"可计算"框架下而形成的产物。选民们的认知、态度与行为背后潜藏着深刻的政治、资本权力运作，算法将这些隐蔽的控制逐渐放大，形成新的政治形态。

▶▶ 二、短视频平台中的算法传播

2022 年 8 月 31 日，中国互联网络信息中心在北京发布了第 50 次《中国互联网络发展统计报告》，截至 2022 年 6 月，我国短视频用户规模达 9.62 亿，较 2021 年 12 月增长 2805 万，占网民整体的 91.5%[①]。短视频平台已然成为人们疏解情绪，满足娱乐需求，同时兼顾获得信息资讯的主阵地。算法技术在短视频平台的发展过程中同样发挥着最为关键的作用，基于此，探究短视频平台的算法应用实践及其背后的原理成为理解平台的关键点。

在内容生产环节，算法对创作者、内容、用户三者进行标签化的界定，促使短视频创作者得以明确自身定位、垂直匹配相应的用户群体，这一过程能够体现出平台算法对于创作者的驯化。算法会对创作者的专业度和垂直度做出研判，并对专业度和垂直度更高的创作者予以更多曝光。此外，"追逐热点"作为短视频平台行业思维与内容创作的底层逻辑，加剧了平台对于流行文化的追捧。算法定义了一套标准化的流行内容传播模式，形成智媒时代的文化工业，让用户沉浸其中。抖音、快手等短视频平台为个体提供了极易模仿的功能环境，从明星、"网红"向下传递，普通用户可以采用相同的道具和音乐，通过对自身身体、环境空间的展演完成模仿。

---

① 中国互联网络信息中心（CNNIC）. 第 50 次中国互联网络发展状况统计报告［R/OL］.（2022 - 08 - 31）［2022 - 09 - 25］. http://www.cnnic.net.cn/n4/2022/0914/c88-10226.html.

在内容分配环节，短视频平台主要采用分类算法、聚类算法、叠加推荐算法这几种算法类型。分类算法（也叫机器学习算法）用以描绘个体的用户画像，在大数据的加持之下，短视频平台的算法程序会通过输入用户的性别、年龄、职业、地理位置、浏览与点击的内容等基本信息描绘详细的用户画像。如果说分类算法是为了描绘个体用户的画像，那么聚类算法（又叫监督式机器学习算法）则是用来描绘用户群像，通过读取用户通讯录，将用户的现实社交关系延伸到线上，同时通过用户的点击行为聚合兴趣相同的用户群体，向同类型的用户群体推送其感兴趣的短视频内容。叠加推荐算法强调流量的重要性。"流量池思维"是营销学中的概念，指获取流量，并通过储存、运营和挖掘等手段，进行信息的再次传播，以期获得更多流量，强调通过既有用户寻找到新的用户[①]。流量池内聚集了点击率、浏览量高的优质短视频内容，这些内容通过叠加推荐，推送给更多的用户，从而获得更多的点击率，形成流量的二次分配，而这个过程也是用户注意力的二次分配。在叠加式内容的推荐过程中，短视频作品的质量和用户反馈二者缺一不可，这一过程往往形成更为明显的马太效应，优质内容被反复推送，影响力不断增大，而缺乏创新点、点击率低的视频则不免被雪藏的命运。叠加式内容推荐是较为复杂的算法运行程序，所推荐的内容不确定性更强，能够真正考验创作者的创新意识与能力。

智媒时代，互联网与平台的发展赋予可见性新的内涵。算法为短视频平台带来了内容生产与分发两方面的可见性提升。可见性（visibility）包含投射注意力和获得他人的注意力两层含义[②]。在米歇尔·福柯（Michel Foucault）看来，可见性与空间的监视权力相关，全景敞视监狱正是由于被囚禁者的持续可见才确保了权力自动发挥监视作用。可见性的前提是预设注意力资源的稀缺。无论在个体、群体还是社会层面，作为个体认知、行动决策或社会公共资源，注意力容量都是有限的，不可能被无限放大。在媒体出现之前，个体所能看见和获取他人注意的空间十分有限。汤普森（Thompson）指出，电视等媒体的出现增扩了个体可见的空间范围[③]。

在内容生产领域，伴随着技术赋权，短视频内容生产可见性指标路径提升了不同主体进行内容生产的动力。在算法机制下，可见的空间进一步扩张，从而加快了内容生产的效率，不仅精英群体的可见潜力大大增加，"草根"也拥有了定义他人可见性的权

① 赵辰玮，刘韬，都海虹. 算法视域下抖音短视频平台视频推荐模式研究［J］. 出版广角，2019（18）：76 – 78.

② 姜红，开薪悦. "可见性"赋权——舆论是如何"可见"的？［J］. 苏州大学学报（哲学社会科学版），2017，38（03）：146 –153.

③ JOHN B. TOMPSON. The Media and Modernity：A Social Theory of the Media［M］. Cambridge：Polity Press，1995.

利，成为可见性的组织者、赋予者。通过短视频平台的 UGC 内容生产，高分失意的小镇青年、长途跋涉的货车司机等群体能够被看见。在这一过程中，为提高内容关注度，增加被他者观看的概率，内容生产者就必然要迎合算法逻辑，不断扩大他者的可见视域。短视频平台的算法推荐机制同样内嵌着可见性逻辑。换言之，算法精准分配着用户的注意力。移动通信和带有位置服务的社交网络所产生的数据，为连续观测基于地理位置、人口属性、社交网络、兴趣属性、移动路径、到达频率、消费习惯、意见表达等信息的行为提供了可能。依托大数据和 LBS 定位技术，平台不间断地跟踪用户使用行为，挖掘用户的观看、收藏、点赞、评论、暂停、转发等指标热度数据，综合运用协同过滤、内容推荐、混合推荐等多种算法，对用户进行分类与贴标签。如此一来，平台不仅可以获得用户的年龄、性别、职业、地理位置等外显信息，还可以预判其情感偏好，完善用户画像，在相似的用户群体之间建立连接，消除传播障碍与传播壁垒。毋庸讳言，正是基于内嵌着可见性逻辑的算法推荐机制，短视频平台完成了对用户的分析，实现了用户与内容的精准连接，提供了新的可见性与注意力分配机制。

▶▶ 三、流媒体平台中的算法传播

流媒体（Streaming Media）是指以信息流的方式不间断地在网络中传送音频、视频等多媒体文件，与下载到本地设备再播放不同，流媒体不断超越接收终端等技术限制，将连续的音频、视频信息压缩，放置在流媒体服务器上，实现对高清视听符号的实时传输①。流媒体平台打破了传统影音平台线性的播放序列，打造了一种全新的、按需点播的非线性播放方式。流媒体平台是一个广泛的概念，具体来看，我们日常生活中使用的视频平台，如国外的 Netflix、国内的优酷、爱奇艺、腾讯视频；音乐平台，如 QQ 音乐、网易云音乐、Apple Music 等，都属于流媒体平台的范畴。流媒体平台正在深刻影响用户的媒介使用方式与使用习惯，在某种程度上改变用户的生活方式。算法技术在流媒体平台中的应用改变了传统影音平台的内容生产模式和内容分发方式。在算法技术的加持之下，平台能够深入洞察用户需求，进行内容生产，在这一过程中，平台不仅能够建构用户的审美与品位，还能够通过个性化推荐，将不同类型的影音内容推荐给特定的用户群体。

流媒体视频平台的先驱是 1997 年成立于美国加州的 Netflix，该平台将算法推荐视为根本战略。近年来，随着国内互联网技术的飞速发展，以爱奇艺、优酷、腾讯视频为代表的流媒体视频平台迅速崛起，分得互联网时代的一杯羹。QQ 音乐、网易云音乐、

---

① 常江. 流媒体与未来的电影业：美学、产业、文化 [J]. 当代电影，2020（07）：4-10.

酷狗音乐等都是流媒体与音乐深度融合形成的平台。《2022 第二季度全球音乐产业大事记》指出，中国在全球音乐产业排行榜中已跻身前五。"Z 世代"对于音乐产业的内容生产与消费产生重大影响，流媒体订阅量有了显著增加。受新冠疫情影响，线下音乐节等活动暂缓，但用户的需求仍然存在甚至逐渐增加，音乐平台得以借力发展，全球流媒体音乐平台的收入均呈增长态势。

算法在流媒体平台中的应用主要体现在内容分发环节。个性化推荐算法和趋势算法两种主要算法类型的结合是上述流媒体平台得以迅速聚集用户的基础。个性化推荐算法基于用户的浏览和点击记录，结合用户的地理位置、年龄、性别等个人信息生成的用户画像进行推荐，爱奇艺的"猜你喜欢"、优酷的"为你推荐"、腾讯视频的"猜你会追"，网易云音乐的"每日推荐"和"私人频道"，能够为用户提供个性化、定制化的内容产品，获得个人日报式的沉浸影音体验。趋势算法是构成流媒体影音推荐的另一种重要算法，Netflix 的"Top10"榜单和"Trending Now"板块、爱奇艺的"热播"、QQ音乐的各类型音乐排行榜就是趋势算法在用户一端的表现形式。个性化推荐算法和趋势算法两者的结合共同打造了用户的推荐内容清单。

流媒体平台要对内容与用户进行精准连接，单一的算法模式远不能达到这一要求。以 Netflix 为例，其推荐系统并非只有一个算法，而是多种算法综合运用，这些不同的算法有不同的用途，最终形成一个整体性的算法系统，助力平台的发展。同时，算法也是一个不断学习、不断被训练的程序。在"快速启动"（Jump Starting）这一用户注册初期阶段，Netflix 要求用户选择感兴趣的影视类型，然后根据用户的选择和节目的受欢迎程度通过流量池进行推送。若用户没有选择喜欢的影视类型，平台则会推送受大众欢迎程度高的内容。用户开始使用平台观影后，在大数据技术的加持之下，用户画像会迅速形成，算法学习了用户的喜好与使用习惯后，推送给用户更为精确化、定制化的内容，用户在平台上留下的数据与足迹越多，推送就会越精准。

"策展"（curation），即策划、筛选并展示，原本指艺术展览活动中的构思、组织、管理等工作。智媒时代，策展的概念被引入新闻传播学领域，在平台媒体中，算法作为把关人，决定着用户能够看到什么内容，与此同时，算法也担任着策展人的角色。作为策展人的算法程序在互联网的信息洪流中追踪、汇集信息，并从中筛选出富有价值的内容，在流媒体平台中对所展示的各类内容进行排序，形成内容主页。流媒体内容策展的过程中，算法在选题策划、素材搜集、筛选过滤、信息升华与内容汇聚几个方面发挥作用。选题策划环节，在大数据的加持下，通过获得足够多的信息源来确定用户兴趣，为进一步策展内容打下基础。在素材搜集环节，通过运用专业的资讯汇集工具，围绕某一主题进行信息索引，引导相关内容的生产与推送。筛选过滤则是通过算法程序对搜集到的信息进一步整合、优化，并在信息升华环节凸显内容价值，将音视频内容形成专题，以摘要的形式放置在专题首页，增加对用户的吸引力，并最终将各个专题进行汇总，形成一个完整的流媒体内容策划产品。流媒体平台算法策展的过程也是平台内容再生产的过程。这一过程中，算法通过用户贡献的数据，对内容进行再次开发，将平台用户纳入内容生产体系中，拓宽了内容生产渠道，同时也释放了流媒体平台的内容生产力。

四、购物平台中的算法传播

互联网的飞速发展使在线购物成为人们选购商品的主要方式。《中国电子商务行业市场前景及投资机会研究报告》指出，我国电商交易规模由 2016 年的 26.1 万亿元增长至 2022 年的 42.93 万亿元，复合年均增长率约为 8.9%，购物平台使用最多的个性化推荐算法有协同过滤（Collaborative Filtering）、基于关联规则的推荐（Associate Rule-based）、基于内容/知识的推荐（Content-based/Knowledge-based）和混合推荐（Hybrid Recommendation）[1]。人们在日常生活中会相互推荐自己喜欢的东西，这便是协同过滤的最初来源。协同过滤可以分为基于记忆的协同过滤（Memory-based）和基于模型的协同过滤（Model-based）。基于记忆的协同过滤算法当中，又包括基于用户的协同过滤和基于项目的协同过滤。其中，基于项目的协同过滤是各个平台使用最多的算法。通俗来讲，基于项目的协同过滤通过计算项目之间的相似性，目标用户对某一项目的喜爱度可以根据对与其相似的其他项目的喜爱度进行预测，然后将预测的内容商品推送给用户。简言之，基于项目的协同过滤原理是根据用户喜欢的商品推测其可能喜欢的其他商品。

基于关联规则的算法推荐与大数据联动，根据商品之间的上下游关系，在确定用户的购买行为后，为其推荐与所购买商品相关的其他商品，形成一种打包式的推荐。以淘宝平台为例，当用户搜索并购买学生宿舍使用的台灯后，"看了又看"版面中便会出现其他宿舍用品，如遮光帘、宿舍用置物架、简易衣柜等，在"精选好货"版面中也会出现其他与宿舍相关的推荐商品。基于关联规则的算法推荐在用户选购商品时十分常用。基于内容/知识的推荐算法是根据历史信息（如用户的评价、分享、收藏的文档）等，计算推荐项目与用户偏好文档的相似度，将最相似的项目推荐给用户。该算法类型根据用户的浏览记录与收藏夹等信息判断用户的喜好，并根据既有用户画像向用户推荐商品。这也就能解释为什么淘宝首页会持续推送给用户相似的甚至相同的产品。混合推荐是通过加权（weighted）、变换（switching）、混合（mixed）、特征组合（feature combination）和层叠（cascade）等方式，将多个算法技术融合计算和推荐，弥补单一算

---

① 陆卫金. 基于用户网购行为的推荐算法研究［D］. 重庆：重庆邮电大学，2017.

法的缺陷，从而获得更好的推荐效果。混合推荐算法是各种算法的综合运用，能够产生 $1+1>2$ 的效果，为更好描绘用户画像，精准连接用户与商品助力，体现了互联网的融合思维。

购物平台通过个性化推荐算法，在一定程度上解决了商品与用户需求之间的矛盾，能够进行商品内容的精准分发与匹配，并在长尾效应之下促进了小众化商品的推广与销售。但消费方式的便利带来了消费主义的盛行，并在算法的控制之下形成了新型消费社会。鲍德里亚的消费社会理论指出，消费社会的本质是一种虚假的繁荣。网络泛在化与智能终端化促成了购物平台的崛起，形成了全新的消费模式。平台、算法、协议共同构建了新的虚拟场景，用户在此获取关系需求、内容需求以及服务需求，对平台产生消费路径依赖。推荐算法、价格算法、排名算法、概率算法、流量算法等算法模式为消费者提供个性化定价、个性化排名、个性化推荐等服务，收集用户消费偏好，甚至为用户"定制"需求，从而加速了新型消费社会的形成。

推荐算法作为一种诱导消费的手段，深深嵌入购物平台中。算法技术与平台商家携手为用户打造了个性化、定制化的私人消费场域，形成了全新的消费社会时空观，用户可以随时随地地通过移动设备选购商品，随时随地地进入消费空间。购物平台的可供性也导致了用户消费路径依赖的产生。小红书里的各类好物推荐、考拉海购里推荐的各种日用品在不知不觉中给用户"种草"，并通过深入开展外链结盟，诱导用户进入场景进行消费。短视频平台抖音、快手早已实现与淘宝的联盟，助力平台获取用户产生的更多数据，用"一键跳转"为用户打造超链接的消费场景，编织了使消费者无处可逃的网。购物平台通过邀约所有人共享和参与，形成消费盛景。与此同时，算法技术不断压缩人的主体性，将用户变为了无差别的"商品人"。在消费主义的驱动下，符号崇拜与符号消费盛行，至此，消费不再是人身体的再生产与精神的再生产，人完全沦为为消费而消费的动物。

▶▶ 五、新闻聚合平台中的算法传播

大数据、算法、云计算、区块链等技术的合集催生了"基于算法进行新闻精准推送和个性化定制的新闻聚合平台"[①]，深刻改变了新闻的生产与传播模式，重塑了新闻业的图景。新闻聚合平台（News Aggregator）的兴起对于传统新闻业来说，无疑是一场颠覆性的革命，它充分体现了互联网时代开放与连接的属性。在算法技术的加持之下，新

---

① 张文祥，杨林.新闻聚合平台的算法规制与隐私保护［J］.现代传播（中国传媒大学学报），2020，42（04）：140－144.

闻聚合平台对海量信息进行集合式呈现，并精准连接内容与用户，减少用户获知的成本，扮演着"信息中介"的角色。

新闻聚合平台是一种全新的新闻内容供应商，是通过数据搜索、分析等技术，把分散于互联网中的各种新闻信息进行整合、归类，再根据用户喜好来选择性推送的媒体形式。在这一过程中，算法扮演着决策者的重要角色。Buzz Feed 是国际著名的新闻聚合平台，2005 年由《赫芬顿邮报》（The Huffington Post）前首席技术官乔纳·佩雷迪创办于纽约，该平台通过搜索并发送信息链接，为用户实时浏览热门新闻提供便利，被誉为媒体行业的颠覆者。国内的新闻聚合平台今日头条创办于 2012 年 3 月，基于个性化推荐引擎技术，针对注册用户的兴趣爱好、浏览记录、定位、个人信息等因素，为其推荐个性化、定制化的信息咨询。今日头条能够根据用户的社交行为进行具体分析，在大数据与算法的帮助之下，5 秒内即可在精准分析的基础上推测用户兴趣，10 秒内可向用户精准推荐模型，以满足用户的各类需求。探究新闻聚合平台中的算法传播，对于理解当下新闻业的转型与平台社会的发展具有重要意义。

新闻聚合平台通过中转流量从而引导内容生产，以算法技术驱动个性化推荐，实现了内容创作与内容分发的分离。平台通过算法与个体用户相连接，既可以帮助用户发现感兴趣的内容，也可以帮助平台探究用户的兴趣点，从而掌握更多用户信息，达到双赢的效果。

新闻聚合平台算法推荐机制实则是一种信息检索工具，通过分析用户的兴趣，自动联系用户与内容。新闻聚合平台的算法推荐系统主要包括用户模型、内容模型和推荐引擎三个部分。用户模型是用来反映用户一系列相关信息的模型，该模型基于算法计算，对用户的使用数据进行追踪、描述、调整、储存，形成用户画像，获得用户的信息偏好。内容模型则是对用户产生的内容数据进行归类，提取用户使用的内容特征，从而使推荐内容与用户特征在最大程度上相似。在建立内容模型的过程中，算法会根据用户的兴趣特征为其贴上各种各样的标签，也正是这些标签，使推荐更加精准。推荐引擎是推荐系统的核心，利用大数据获得大量信息，然后根据不同的方案应用不同的算法机制，结合用户反馈与前馈形成最终的推荐内容，从而完成个性化推荐的过程。

新闻聚合平台的算法推荐类型主要有基于内容的推荐机制、协同过滤的推荐机制、基于关联规则的推荐机制、基于知识的推荐机制、基于上下文的推荐机制和基于深度学习的推荐机制以及较为复杂的混合推荐机制，上述算法推荐类型的综合性运用构成了新闻聚合平台中的信息流。以今日头条为例，该平台算法推荐的流程可以描述为"用户信息收集—个性化新闻推荐方式—推荐输出—评估分析"的链条模型。在用户信息收集阶段，通过用户的浏览记录、社交行为、地理位置与阅读习惯等信息描绘出细致精确的用户画像，形成标签化模型，从而更好利用协同过滤算法为用户推荐其感兴趣的内容。今日头条十分注重推荐输出，能够对收集到的用户数据进行高效快速的处理，以求实现用户每次下拉刷新都能够阅读到最新的内容。对于整个算法推荐过程而言，通过评估分析对所使用的算法进行改进，在提升用户体验的同时也能促进平台更好发展。

新闻聚合平台凭借"聚合＋社交"的新闻生产制作模式，成为新闻内容生产与分发一体化的重要信息场域。作为一种颠覆性的产品形态，新闻聚合平台的崛起加剧了智媒时代传统媒体与新媒体之间话语权的争夺，也唤起了对于新闻业态变革的讨论与反思。传统的新闻生产模式主要有前馈与反馈、信息采集、新闻呈现与新闻分发这样几个环节。在新闻聚合平台中，在算法驱动之下，新闻生产的全部环节都发生了深刻变革，刻上了技术的烙印。

前馈与反馈环节中，大数据与算法的结合使收集用户信息变得轻而易举，随着用户画像的形成，平台的新闻产品不断优化，从而实现分众化、差异化、精细化传播的目标。在这一过程中，平台通过开通评论区与用户进行实时互动，对用户意见进行整理与分析，将这些宝贵信息形成资料库，进一步完善个性化推荐机制。在信息采集环节，新闻聚合平台中的算法技术可以在海量信息中进行自动化抓取，聚合类平台没有专门的新闻采写人员，换言之，新闻聚合平台本身就不是新闻内容的创作者，而是新闻内容的搬运工，奉行"拿来主义"的原则，将抓取到的其他媒体发布的新闻信息展示给自己的用户。今日头条、一点资讯等新闻聚合平台主要是通过搜索引擎、数据挖掘、机器学习、网络爬虫等从传统媒体或其他互联网门户网站抓取相关的新闻信息。Buzz Feed 通过算法技术，深度挖掘 2009—2015 年间 26 000 场专业网球比赛的赌球数据和比赛数据，并从异常的数据中发现了球员的欺骗行为，由此可见，算法不仅在新闻线索挖掘中发挥关键作用，同时也提供了更为真实、客观的数据支撑。

算法在新闻聚合平台的内容制作与呈现方面的典型案例就是机器人新闻的应用。传统媒体的平台化转型中，智能写作机器人的应用逐渐普及。新华社的智能写作机器人"快笔小新"能够做到 7×24 小时不间断工作，在财经和体育领域中，会自动根据所公布的信息快速生成新闻稿件。除此之外，封面新闻的"小封"、美联社的"Word Smith"都是传统媒体的平台化转型中拥抱算法技术的体现。算法技术深度嵌入新闻聚合平台，随着传播权力的转移，在内容分发方面的个性化推荐重塑了把关的流程，算法成为新闻聚合平台的把关人，成为议程设置的主体。通过协同过滤推荐、基于人口统计学的推荐和基于内容的推荐，将用户需求的内容进行精准分发，实现把关效率的提升。

▶▶ **小　结**

智媒时代，以算法为底层技术架构的各类平台媒体深刻改变了社会结构和人们的生活方式，形成了平台社会。在平台化的社会中，人们逐渐习惯用各种平台应用程序来安排自己的日常生活：碎片时间打开新闻聚合网站浏览资讯，闲暇时用短视频平台和流媒体平台进行娱乐消遣，利用社交媒体平台与亲友联系，通过购物平台添置需要的物品……这些平台在便利人们生活的同时，不可避免地引发了一系列值得深思的问题。在平台中，劳动与工作的界限变得越来越模糊，平台看似免费的个性化、定制化商业模式之下隐蔽的控制使用户甘愿进行的劳动更加难以察觉和辨识。算法这个"社会机器"的操纵，形成了一种机器奴役，重塑了人的认知与情感，使人类丧失了部分主体性。算法对于人的监测、算计正在一步步侵犯用户隐私，从而引发更多技术伦理问题。

回归技术本身，算法运作规则的不透明性，使得算法编码规则和特权隐藏在黑箱中，形成算法操纵下的权力异化。如果不能将黑箱打破，就无法对平台的价值标准进行修正。我们需要什么样的算法，我们又应该如何理解与阐释技术与人之间的关系，成为亟待思考的问题。如何在算法大行其道的互联网时代保持人类主体性，反思"后人类时代"平台的"算法化生存"，在拥抱技术的同时保持客观理性的态度尤为关键。技术本无善恶之分，算法是开放的、不断发展的。因此，在技术革新的过程中，我们希望看到的图景是，用主流价值观引导算法向善发展，在顺应技术发展浪潮的同时，加强对算法的驯化。

【思考题】

（1）在短视频平台，算法如何建构用户的审美？

（2）算法技术对于音乐生产有怎样的影响？

（3）算法技术在平台中的应用对于新闻业会产生怎样的影响？

（4）购物平台的算法推荐是如何影响用户商品选择的？

【推荐阅读书目】

［1］Michael Filimowicz. Digital Totalitarianism：Algorithms and Society. Taylor and Francis Press，2021.

［2］Michael Filimowicz. Systematic Bias：Algorithms and Society. Taylor and Francis Press，2021.

［3］Daniel Neyland. The Everyday Life of an Algorithm. Palgrave Pivot Press，2018.

［4］《算法人文主义：公共智能价值观与科技向善》，陈昌凤、李凌主编，新华出版社，2022年版.

［5］《智能传播：理论、应用与治理》，陈昌凤主编，中国社会科学出版社，2021年版.

［6］《中国网络媒体的第一个十年》，彭兰著，清华大学出版社，2005年版.

［7］《社会化媒体理论与实践解析》，彭兰著，中国人民大学出版社，2015年版.

参考文献

［1］陈逸君."用户兴趣—算法推断—内容呈现"模型——微博推荐流的运作机制探析［J］.现代传播（中国传媒大学学报），2022，44（05）：143－152.

［2］中国互联网络信息中心（CNNIC）.第50次中国互联网络发展状况统计报告［R/OL］.（2022－08－31）［2022－9－25］.http://www.cnnic.net.cn/n4/2022/0914/c88-10226.html.

［3］赵辰玮,刘韬,都海虹.算法视域下抖音短视频平台视频推荐模式研究［J］.出版广角,2019（18）：76－78.

［4］姜红,开薪悦."可见性"赋权——舆论是如何"可见"的？［J］.苏州大学学报（哲学社会科学版），2017,38（03）：146－153.

［5］JOHN B. TOMPSON. The Media and Modernity：A Social Theory of the Media.［M］. Cambridge：Polity Press,1995.

［6］常江.流媒体与未来的电影业：美学、产业、文化［J］.当代电影,2020（07）：4－10.

［7］陆卫金.基于用户网购行为的推荐算法研究［D］.重庆邮电大学,2017.

［8］张文祥,杨林.新闻聚合平台的算法规制与隐私保护［J］.现代传播（中国传媒大学学报），2020,42（04）：140－144.

第 九 讲

算法传播中的新闻伦理

智能传播时代，算法的泛在化使用对社会和新闻传播领域产生了广泛而深刻的影响。一方面，算法新闻和算法推荐为新闻生产和分发带来诸多便利，不仅提高了媒体的运作效率，也降低了用户处理信息的成本，另一方面，算法的技术逻辑与新闻的价值逻辑发生碰撞，算法"黑箱"、算法偏见、算法歧视等为新闻传播领域带来透明、隐私、偏见和歧视风险，威胁到用户、媒体和社会多个主体的权利。随着算法逐渐渗透到社会和新闻传播领域，信息茧房、虚假新闻等旧伦理问题也被激活，管理难度更大。本讲将从全局的角度进行分析，结合算法技术的实际应用，分析上述算法带来的各种伦理风险和伦理问题。本讲还试图总结提出多种可行的措施以应对算法对新闻伦理的影响和挑战，平衡算法与人、算法与新闻、算法与社会的关系。

▶▶ 一、算法带来新闻传播风险

（一）透明风险

算法的"黑箱化"运作导致新闻生产"黑箱化"，损害新闻透明性。"黑箱"一词源自控制论，喻指"那些不为人知、不能打开、不能从外部直接观察其内部状态的系统"[①]。从技术层面而言，算法就像一个"黑箱"，高度的技术复杂性和专业性使它难以被人打开、被人理解。在算法与新闻传播领域加速融合的今天，新闻业已形成以算法技术为驱动的新业态。算法成为新闻生产与分发环节的重要中介，主导着新闻信息的生产和用户的信息获取。当传统"把关人"的功能被算法削弱，新闻生产过程缺乏人为监督时，算法的"黑箱化"运作容易导致新闻生产"黑箱化"，存在损害新闻透明性的可能。

就机器学习角度而言，新闻生产中共存在三种算法形态（图9-1），即输入与输出两侧均可知的监督式机器学习、只有输出侧可知的半监督式机器学习，以及输入输出两侧均为未知的无监督式机器学习[②]。前两者均保留人为操作部分，常见于体育、财经、科技报道。这类涉及大量已知数据且容易模板化的新闻经常会利用监督式机器学习的算法与半监督式机器学习的算法自行完成新闻稿件撰写。2015年，腾讯财经推出Dreamwriter自动化写稿机器人，按照"比赛视频＋比赛回顾＋阵容介绍"的模板化套路，Dreamwriter在奥运会等大型体育赛事中产出多篇报道，提高了新闻工作者的工作效率。

---

① 陶迎春. 技术中的知识问题：技术黑箱 [J]. 科协论坛（下半月），2008（07）：54 – 55.
② 张淑玲. 破解黑箱：智媒时代的算法权力规制与透明实现机制 [J]. 中国出版，2018（07）：49 – 53.

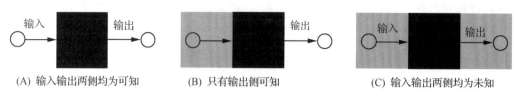

(A) 输入输出两侧均为可知　　　(B) 只有输出侧可知　　　(C) 输入输出两侧均为未知

图 9-1　新闻生产环节算法的三种形态

如果说，新闻生产中算法的监督式机器学习与半监督式机器学习是一个可以被"打开"的箱子，那无监督式机器学习就是一个完全封闭的"黑箱"。它没有固定的输入与输出模板，以庞大体量的数据作为运算基础，通过内部神经网络对数据进行分析，寻找数据与数据之间的关系，预测数据的发展趋势，最后通过技术化操作手段产出新闻成果。该形态的新闻生产完全依赖算法的自主学习与自主计算。在无人力插手的情况下，无监督式机器学习的算法形态会加速新闻生产"黑箱化"，对新闻生产的透明性提出挑战。新闻透明性的本质是将新闻生产的"后台"及新闻运作过程的决策意图置于"前台"，便于来自媒体内部与媒体外部人士监督、审查与批评。新闻生产透明性涉及披露透明和参与透明，其中，披露透明要求新闻生产机构及新闻生产者向社会公开解释新闻的选择与生产过程。在新闻生产的无监督式学习过程中，输入与输出端皆被控制新闻生产的算法机器操纵，新闻透明性中的披露透明无法实现。因此，算法"黑箱"导致的新闻生产"黑箱化"这一过程损害了新闻生产的透明性，不利于新闻透明性的建设。

此外，新闻生产"黑箱化"损害新闻透明性的同时，也会在算法设计者、媒体机构（即算法使用者）和用户之间形成一个持续扩大的"信息知沟"。算法"黑箱"的核心问题在于信息不对称和不公开，对于新闻用户而言，他们无法知晓生产新闻的算法究竟带有何种目的，生产出的新闻又具有何种意义。一旦新闻生产背后的算法设计者和作为算法使用者的媒体机构以私权支配公权，操纵算法机器生产出符合特定利益的信息内容，用户将无法知晓以上的一切，侵犯了用户的信息选择权与信息公平权。例如，有研究发现，在"黑箱"化算法的互联网情境中，大学生群体与使用算法的平台之间形成了新的"数字鸿沟"，平台正在通过"黑箱"化的算法操纵着该群体的信息获取①。

面对算法技术带来的新闻生产"黑箱化"问题，既可以建立一个由算法披露、法律规制和社会监督三重路线共同构建的算法透明实现机制②，还可以从"可理解的透明度"出发。首先，构建算法透明实现机制，需要将生产、制度建设以及社会监督三方主体结合起来，依照监管逻辑与生产逻辑相互制约的设计理念，将作为算法使用者的媒体

---

① 赵龙轩，林聪."黑箱"中的青年：大学生群体的算法意识、算法态度与算法操纵［J］.中国青年研究，2022（07）：20－30.

② 张淑玲.破解黑箱：智媒时代的算法权力规制与透明实现机制［J］.中国出版，2018（07）：49－53.

机构、作为法律制定者的政府部门和作为算法外部监督者的社会力量置入一个相互制衡的发展框架内，从而保证新闻生产过程的全透明。例如，生产方的媒体机构需要及时披露算法要素、算法程序及算法背景；制度建设方的政府部门公共部门不仅需要制定相关规章条例，划定新闻机构的算法使用边界，还需要提高社会对算法"黑箱"的防范风险；社会监督方的社会力量需要加强社会的"算法素养"教育，依靠第三方监督与核查力量，确保新闻媒体公共性义务与职能的发挥。其次，新闻透明性受损的原因归根结底还是算法"黑箱"导致新闻生产"黑箱化"，是过程不透明的问题。与其不断追求完全的透明化披露方式，不如换个角度，对算法展开"可理解的透明度"解释。"可理解的透明度"出发点是"数据主体"，放在新闻传播语境中即信息用户。该方法认为，比起理想化的完全透明化披露，为用户提供一个建立在"互动"基础上的解释反馈渠道或许更有意义，也更具操作性。对算法的全然披露不一定会增加透明性，因为并非所有人都能够理解算法的复杂源代码和复杂运算逻辑。"可理解的透明度"解释不同，该方法为用户提供对话渠道，以交互式的方式让用户能够尽可能理解算法及由算法主导生产出的新闻意义。

算法技术促进新闻业革新，降低了新闻生产成本，提高了新闻制作效率，但算法带来的透明性风险也不容忽视。面对新闻生产"黑箱化"难题，不仅需要将生产、制度建设以及社会监督三方的力量结合起来，联合多方主体协力构建透明化机制，还要大力推广"可理解的透明度"解释，鼓励更多算法设计者、算法使用者主动向用户提供一种更通俗化、更易理解的方式去理解算法和由算法主导生产出的新闻信息，让用户能够消除心中的疑虑，提高他们对算法的信任度。

（二）隐私风险

你的隐私是否正在泄露？2021年，腾讯新闻出品栏目《未来新世界》发布了一则剪辑视频，标题为《你已经被算法装进"黑盒"了！大数据算法的今天，隐私泄露如何解决？》，该视频向观众传达了一个道理：我们正时刻面临隐私泄露的风险。随着"万物皆媒"时代的到来，数字化生存已成为常态，智能终端的普及使人类的每一条行为数据都有迹可循，海量的数据成为算法运算分析的原材料，不论是基于海量数据生产出的算法新闻，还是基于对个人数据分析实现个性化推荐的算法聚合类资讯平台，都离不开数据的支持。这种"数据—算法"驱动的社会既能造福人类，也能在人类无知无觉的情况下侵蚀用户的隐私权。

隐私通常被视为个人生活中不愿被他人知晓、干预的事情。隐私权即对以上信息的保护。进入数字时代，隐私权还衍生出个人数据隐私权，指个人享有支配个人信息在什么时候、对什么人和以什么方式公开的信息操控权，包括个人信息与被公开化的个人信息。用户隐私权经常会在生产环节和分发环节受到算法侵蚀。

1. 算法在生产环节侵蚀用户隐私权

当前，新闻业正在经历"算法转向"，算法在新闻领域延伸后，形成一种全新的新闻传播形态，即算法新闻。算法新闻需要在海量数据的基础上完成新闻数据采集、算法写作、算法推荐这一整套新闻工作流程。然而，海量数据中有很大一部分都来自互联网用户留下的数据痕迹，通过对这些痕迹的采集，算法能够轻易识别、分析出用户的浏览偏好和其他涉及个人隐私的数据信息，用户隐私存在泄漏的风险。麻省理工学院的一名研究员提出过一个结论："只要掌握用户四个时空移动数据，就可以识别出95%的个人身份信息。"是以，一旦算法新闻在制作过程中采集大量有关个人用户的信息，个人数据会在互联网上"裸奔"，个人隐私也将荡然无存。比如，特殊群体的隐私数据就不适合被算法挖掘采集，尤其是涉及同性恋者、特殊疾病患者这类敏感群体。算法若随意采集以上敏感群体的个人浏览数据痕迹，很容易泄露他们的隐私信息，暴露该群体的敏感身份。

2. 算法在分发环节侵蚀用户隐私权

个性化的算法聚合类资讯平台正在替代传统的新闻获取渠道，成为人们获取信息的主要来源。像今日头条、一点资讯这样的聚合类资讯平台提供的个性化定制服务可以有效降低用户在海量信息中处理和获取信息的成本，快速为用户提供个性化、多元化的新闻信息。随着用户数量的逐日上涨，平台对用户信息的靶向命中难度也在逐日提升。为提高平台信息对用户的靶向命中率，部分平台不惜利用算法"超采""滥采"个人数据信息，借助这些信息描绘更加精确的用户画像，迫使用户以个人信息隐私权换取信息获取的便利。2018年，百度董事长兼CEO李彦宏在中国发展高层论坛上提出观点，他认为中国人对隐私的敏感并不强烈，如果可以，他们会以隐私换取便利。这表明，在新闻分发环节，不论知情与否，个人用户的隐私数据随时都可能被泄露，个人数据隐私权也岌岌可危。

综上，无论是在生产环节，还是在分发环节，用户的个人隐私权正时刻受到来自算法的侵蚀。倘若私人化的个人信息还被制作成新闻并被上传至网络，使私人信息公共化，导致私人边界与公共边界模糊化，作为信息主体的个人用户极有可能会陷入数据"永久在线"的困境，这将严重危害个人数据隐私权中的"被遗忘权"。被遗忘权也是个人数据隐私保护的一个重要问题，又可称之为"数字遗忘权""删除权"，即数据主体有权要求数据使用方删除不合法、不合规的个人数据信息。维克托·迈尔·舍恩伯格认为，今天"遗忘成为例外，记忆成为常态"。万物皆媒时代，个人的数据信息会被记录下来，并被上传至网络，这对个人数据的删除与遗忘提出巨大挑战。新冠疫情期间，通过数据开放和数据共享，政府可以及时有效地遏制疫情的扩散传播，伴随而来的却是个人信息泄露与信息"永久在线"的风险。2020年，成都确诊女子赵某因为具有争议性的活动轨迹图而遭到网友"网暴"。活动轨迹图的披露是疫情防控的基本操作手段，因此，本该属于个人信息的活动轨迹如今却不归用户所有，而是归属于公共部门，是公共信息。个人信息的公共化使该名女子失去了对个人信息的掌控，无法自行删除轨迹图，甚至出现被网友滥用的情况。

算法传播中的新闻产品本身就是多个主体共同协作参与生产的结果，既有生产新闻的媒体算法，又有投入技术的平台方，还有作为参与主体的个人用户。规避算法传播中的隐私风险，需要以上多元主体共同协力，以共谋的方式解决。首先是算法方面。算法使用主体应该在事前提前做好算法审计、风险评估制度准备，将包含隐私保护的伦理标准纳入算法设计，优化算法结构[①]。其次是平台方面。平台不仅要做好日常风险管理工作，还要及时制止涉及个人隐私信息的传播。一是要建立日常风险管理机制，限制涉私非法信息传播。平台要及时监控平台内部涉及个人敏感信息的传播话题，一旦发现其热度在短时间内飙升，应及时标记并以人工方式降低话题热度或移除话题。二是建立日常隐私侵权行为管理，增设人工内容审核员，以人工+机器的方式监测平台内部，及时处理违法违规的信息和行为，并尝试为用户提供反馈渠道和救济服务[②]。最后是个人用户方面，提升个人隐私素养是用户规避隐私风险的必要行动。用户需将"数字素养"纳入隐私素养的框架内，提高自身数据隐私的维权意识，在遭到侵犯后应及时向平台或政府寻求救济补助，依靠相关的救济制度及时维权。

（三）偏见风险

伦理问题绕不开公平性问题，公平性问题必然涉及偏见与歧视问题。算法并非是无涉价值的技术工具，它是以人类偏见为核心，由机器偏见、数据偏见等多重因素共同建构而成的综合性偏见。算法偏见共分为三种：输入数据的偏见、算法设计者的偏见、算法本身局限的偏见[③]。

① 张文祥，杨林. 新闻聚合平台的算法规制与隐私保护［J］. 现代传播（中国传媒大学学报），2020，42（04）：140－144.
② 夏梦颖. 算法推荐隐私保护机制研究［J］. 编辑学刊，2021（03）：24－29.
③ 张超. 作为中介的算法：新闻生产中的算法偏见与应对［J］. 中国出版，2018（01）：29－33.

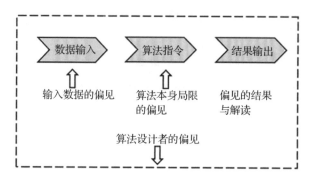

图 9-2 算法传播中的算法偏见类型

其一，输入数据的偏见。进入大数据时代，人类的行为都将被记录、复制，并以可视化的数据形式呈现。然而，这些数据并不完美，因为它们是人类社会的复制与延伸，同时也是人类社会偏见的复制与延伸。2016 年《自然》杂志提出"BIBO"定律，即"bias in，bias out"。该定律由一条计算机俗语衍生而来，即"Garbage in，garbage out"，意思是"垃圾进，垃圾出"。结合"BIBO"定律在当前算法语境中的应用，可知：无论算法系统多么完美，只要输入的数据有偏见，算法结果也必然有偏见，源自数据源的偏见将贯穿算法始终。算法在筛选、过滤、归纳数据的同时，也是在筛选、过滤、归纳偏见。其二，算法设计者的偏见。算法设计者的偏见即源自算法设计者显性或隐性的偏见。作为自然人，算法设计者难以彻底摆脱源自社会文化的偏见影响。这些偏见被算法设计者有意或无意地嵌入算法系统，经过算法数据模型的训练及机器深度学习以后，产出偏见导向的结果。譬如，微软的人脸识别系统为男性、肤色较白的脸赋予了较高的优先权，女性、肤色较深的人脸则次之。其三，算法本身局限的偏见。一方面，算法容易把多维度的关系片面化。受算法系统自身机械特质影响，复杂的社会关系被算法片面化地等同于数字的数理关系，数据的相关性也被算法等同于数据的因果性。另一方面，算法的筛选、过滤、归纳的差异化处理过程本身就是一种偏见，它是一种分类"贴标签"行为，按照某种标准将数据分类，并打上差异化的标签。总之，算法的机械局限性使算法自身成为"偏见"。

算法正在深度介入新闻传播领域与新闻业，传统"把关人"的权利被逐步让渡于算法，作为中介的算法主导着用户的信息获取。偏见的嵌入不仅会消解新闻真实性与新闻客观性，还会损害用户的信息选择权与知情权。

1. 算法偏见消解新闻真实性与新闻客观性

首先，偏见作为一种预设态度，会将偏颇与歪曲的态度融入到新闻传播活动，违背新闻客观公正的道德准则。在算法新闻生产过程中，算法需要采集海量信息才能生产出新闻。当采集的是偏见数据时，数据的偏颇可能会损害新闻的真实性与客观性，产出与现实相悖的新闻，另外，算法设计者无法独身于社会环境之外，会受到来自社会文化偏见的影响。当算法设计者处在一个充满偏见的环境时，他或将以显性和隐性的方式将偏见植入算法系统，最终导致算法生产出偏见导向的新闻结果。在追逐流量的媒体市场环境中，许多资讯类平台的算法设计者难以避免流量导向的干扰，会将"流量至上"原则植入算法系统，最终，算法的"流量至上"导向会转化为平台的"流量至上"导向。

2. 算法偏见损害用户信息选择权和知情权

一方面，偏见导向的算法会损害用户的信息选择权。信息选择权代表用户拥有信息自主选择的权利，包括内容、类型及形式等。一旦偏见被嵌入算法，算法受到偏见的影响，通过过滤机制，滤出算法背后偏见意识"想要"的信息，持续为用户推送该类信息，加大用户陷入"信息茧房"的可能，用户也因此失去了信息自由选择的权利，认知容易固化。另一方面，在分发环节，偏见导向的算法会通过技术手段遮蔽不想被用户看到的信息，损害用户的信息知情权。例如，2016 年 Facebook "偏见门"事件中，Facebook 利用算法操纵趋势话题平台，控制信息的议程设置从而屏蔽保守派信息，单独保留自由派信息。

(四) 歧视风险

算法技术与新闻行业的深度融合不仅会带来偏见风险，还会催生出算法歧视危机，带来歧视风险。2016 年 5 月，白宫发布报告《大数据报告：算法系统、机会和公民权利》，报告明确提到，大数据和算法在给我们带来便利的同时，也可能带来算法歧视的严重后果。歧视由偏见转化而来，与偏见相比，"歧视"不仅停留在态度层面，还更侧重行动层面的破坏性实践。算法歧视分为两种，一类是关涉身份权的算法歧视，一类是无关涉身份权的算法歧视①。关涉身份权的算法歧视与个人身份特征权利相关，如种族、宗教、性别等；无关涉身份权的算法歧视与个人身份特征无关，如消费能力、消费习惯等。通过对非个人身份特征信息的分析判断，算法会带来价格歧视、统计歧视问题。例如，电商平台会利用算法分析用户的消费能力与消费习惯，借助平台持有的用户信息，分析消费者对商品边际效应的判断，并为每一位消费者制定不同的价格政策，使市场呈现出"千人千价"的景象。

就新闻传播领域而言，算法歧视的出现不仅背离了新闻客观公平公正的原则，还会导致文化区隔分层和信息鸿沟加剧两种后果。

首先，算法歧视会导致用户信息上的文化区隔分层。算法的个性化推荐服务属于用

---

① 刘培，池忠军. 算法歧视的伦理反思 [J]. 自然辩证法通讯，2019，41 (10)：16-23.

户数据导向的一种服务机制，因此，用户能够获得何种内容很大程度上取决于算法对用户数据的分析计算。在算法运行过程中，算法会根据运算情况为每一位目标用户或目标群体打上"数字身份"标签，以点对点的方式为目标用户提供被计算了的"个性化内容"。通过对"数字身份"标签的操纵，算法充当着文化内容的"把关人"，并以信息操纵的方式决定着用户的文化实践与文化内容。一旦具有歧视意味的偏见被注入算法，用户的"数字身份"将存在被污名化的风险。信息受到算法操纵，"数字身份"标签被污名化的用户将无法看到被算法遮蔽的那部分信息，久而久之，就会生产出文化的分层与区隔。譬如，在谷歌的广告服务中，广告商将性别歧视观念植入算法，降低高薪广告对女性的可见度，导致女性只能关注到更多的低薪广告。久而久之，男性与女性之间将出现文化区隔分层的后果，认为男性与高薪匹配，女性与低薪匹配。

此外，算法歧视还会加深强势群体与弱势群体之间的信息鸿沟。一方面，公平问题本身就是算法歧视所涉及的核心问题，公平在算法中通常被量化为两种形式，即群组公平与个体公平。其中，群组公平表示"接受正分类或负分类的人的比例与整个统计是相同的，旨在平等地对待所有群体，它要求通过算法而进行的决策结果在受保护群体与非受保护群体之间的比例相等"[1]。通过数据量化的方式，算法把现实社会中的公平转化为能够被计算的一组数据，确保群组公平目标的实现。另一方面，具有偏见导向的算法歧视意识被嵌入算法后，不论是数据、算法自身，还是算法的运算过程，都将存在被歧视意识影响的可能。由于拥有着更为强势和显性的数据，强势文化群体比弱势文化群体被算法放大的可能性更大，算法会赋予其更多的优先权与可见性，弱势文化群体则面临被算法"折叠"与"屏蔽"的风险。随着时间推移，强势群体拥有更多的文化资本，弱势群体因为算法的"折叠"与"屏蔽"，与强势群体之间形成了一道巨大的"信息鸿沟"。长此以往，公平的秤砣将会倒向强势群体，最后加剧社会公平失衡现状。例如，受歧视导向的意识影响，部分个性化新闻客户端过滤或删减了推送给农村青年的财经新闻报道数量。

算法偏见与算法歧视是一对关系密切的共同体，能够相互影响并相互转化。因而，可以采取相同或类似的措施规避源自算法的偏见风险和歧视风险。经总结，可以从法律和技术两条路径出发。

其一，法律路径。既需要强化内部治理，构造技术良序，同时也要加强外部监督，建构完善监管体系。一方面，强化内部治理要求算法设计者和算法使用者提前做好"事前"和"事后"的准备工作。"事前"应重视对数据的预处理和算法的审查，树立公

---

① 刘培，池忠军. 算法歧视的伦理反思 [J]. 自然辩证法通讯，2019，41 (10)：16 – 23.

平、公正数据价值观的同时，建立完备的算法预审机制与内部纠错机制，确保数据处理和算法运行的公平性与非歧视性；"事后"则需要提供对应的反馈渠道，及时纠错更正。另一方面，建构完善监督体系需要政府、媒体行业等共同合力，建立一套能够适应在算法语境下操作的法律法规及监管制度。2018年，欧盟出台了《一般数据保护条例》，其中第二十二条规定，数据主体有权利不接受由人工智能自动处理得出的结论，还可以要求对方给予相应的解释。中国也在2021年颁布《中华人民共和国个人信息保护法》，里面分别针对用户画像、大数据杀熟、算法歧视等问题做出具体规范。

其二，技术路径。以算法消除算法带来的技术风险。算法本质上还是一种技术机器，无法像人类一样拥有复杂的价值观判定。因此，要消除算法传播中的偏见与歧视风险，需要人为注入公平公正原则的价值观，在算法机器学习过程中嵌入"机会平等"的伦理原则，使算法能够在该原则指导下完成数据采集、数据运算、数据分析与结果产出。此外，还可以开发新技术推进算法设计的优化与技术进步。微软程序员亚当·凯莱就曾与波士顿大学的科学家共同开发出一种名为"词向量"的技术，该技术能够尽可能消除算法中存在的性别偏见与性别歧视。

算法并非如我们所想的那样客观、公正，相反，它会受到来自人类、机器、数据各方面价值观的影响。对于新闻传播过程中的算法及由算法主导生产出的新闻信息，我们应时刻以审慎的心态去对待。

▶▶ 二、算法激活旧伦理问题

（一）个性化定制加剧信息茧房

当前，海量信息呈"爆炸式"增长，人类处理信息的成本也大幅提高。算法技术的出现满足人类在信息时代的个性化需求，为用户提供便捷、高效的个性化定制服务，使用户得以从信息海洋中脱身。但算法的个性化定制服务也带来一个严重的问题：它会使用户落入"个性化"的算法牢笼，让用户深陷算法时代的"信息茧房"。

2006年，学者凯斯·桑斯坦提出"信息茧房"一词。他认为信息茧房意味着作为用户的我们只会选择与自己相关、能够愉悦自己的内容，直到用户"作茧自缚"，把自己关入个性化的信息茧房。事实上，尼古拉斯·尼葛洛庞帝很早就提出了"我的日报"一词。"我的日报"将形成一份独特的报纸，每个人都可以在其中挑选自己喜欢的主题和想法。如今，算法推荐技术也确实为每一位用户都提供了一份专属"日报"。算法推荐技术的原理与数据收集、筛选和过滤机制有关。通过收集用户行为特征信息，建立数据分析模型，根据收集到的偏好数据匹配符合用户偏好的内容，最终推送到用户终端。

算法推荐之所以能受到广大用户的追捧，是因为它解决了信息与人的供需匹配问题，帮助用户逃离信息的海洋，找到满足自己需求的信息。在新闻传播领域，今日头条、一点资讯等媒体平台的算法逻辑便是如此。借助平台收集海量用户数据，绘制精准用户画像，为用户精准推送个性化内容，最终通过反馈持续优化定制化需求。这样，此类平台为用户提供了以人为本的体验，不仅提升了平台的竞争力，也成功获得了用户的好评。

但是，个性化定制服务提供的信息是封闭的。如果用户长期依赖算法的个性化服务获取信息，用户获取信息的范围将逐渐缩小，将面临认知窄化的风险。一方面，该算法增强了用户的阅读体验，降低了在信息海洋中获取信息的成本，使用户感兴趣的信息能够准确、快速地出现在用户的界面上。另一方面，公开且对用户有益，但用户不感兴趣和不熟悉的内容，会被算法"屏蔽"，使用户难以接收此类信息，在用户"需要关注的内容"与"当前推送的内容"之间形成信息偏差。从长远来看，用户的信息页面只会留下用户感兴趣的内容，而其他意见不同、不熟悉的内容则很少或永远不会出现。这对用户来说不是一件好事，会损害用户的信息选择权和信息公平性。信息选择权是用户选择信息自由的权利，而信息公平权是指社会不同主体在利用技术或规则获取和分发信息时受到平等对待的权利。算法推荐技术看似增强了个体接收和处理信息的自主性，但实际上它利用个性化的假象掩盖了权力转移的本质，在不知不觉中侵蚀了用户的信息选择权和信息公平性，使用户处在一个由算法打造的个性化"牢笼"中，公共信息面被迫"收窄"。长期来看，用户认知会不断固化，无法接收到其他类型的信息，个人认知和社会认知就会出现分裂。

但也有学者质疑算法推荐与"信息茧房"的必然关系，认为算法推荐并不是导致用户落入"信息茧房"的主要原因，个人的选择性心理才是用户落入算法个性化陷阱的根本原因。1940 年，学者拉扎斯菲尔德等人提出"选择性心理"一词，发现受众的信息选择和态度变化会受到个体原有立场的影响，更倾向于选择与自己的观点相一致的信息，并不断强化原来的态度。一方面，虽然算法推荐为用户提供个性化的信息获取方式，用户也在这一过程中逐步陷入"信息茧房"，但相关研究表明，算法技术并不是"信息茧房"的主要推力。有研究基于信息生态理论对算法时代的信息茧房现象展开实证分析，发现"信息技术不是信息茧房出现的原动力，只是增大了信息茧房效应出现的概率""信息人的认知才是产生信息茧房的内因，用户的价值认知是形成信息茧房的关键因素"①。另一方面，用户的主动性也不容忽视。用户在使用算法时并不是消极、被

---

① 段荟，袁勇志，张海. 大数据环境下网络用户信息茧房形成机制的实证研究［J］. 情报杂志，2020，39（11）：158－164.

动的，而是积极、主动的，选择性接收信息便是最好的证明。"信息茧房"是基于二战背景提出的概念，是当时背景下的一种比喻，具有时代局限性。然而，自进入 Web 2.0 时代以后，智能技术激活了作为传统受众的用户自主性，用户不再是被动、消极的受众，再加上用户的偏好一直是人类在接受知识和信息过程中的一种习惯，算法推荐只是帮助个人激活这种偏好，如何选择信息、是否落入算法的个性化"圈套"依赖于个人选择的判断。与其说是算法导致用户被桎梏在"信息茧房"中，不如说是用户惰性的选择性心理使用户"作茧自缚"。更何况，如今的算法技术正在通过持续性的优化来加强信息的多元。比如，英国卫报设计了一个名为"刺破你的泡泡"的专栏，通过定期列出意见相左的文章，刺破信息"过滤泡"，帮助"左"倾用户扩展视野。

综上，算法技术并不是"信息茧房"的充要条件，算法时代"信息茧房"的最终形成是多种因素共同作用的结果，要想逃离"茧房"，需要从多个层面"破茧"，即技术层面、内容层面和用户层面。技术层面，算法设计者需要不断优化算法，探索更多促进具有公共价值的内容传播的方式，保证信息传播的公共性。例如，前文提到英国卫报的"刺破你的泡泡"专栏，又如今日头条经优化后能够为用户提供多元化信息的综合推荐机制。内容层面，不论是使用算法的平台方，还是内容的创作者，都应该尽可能为用户投放或制作更多元化的信息，特别是具有公共价值的信息，加强用户与社会之间的交流与对话，凝聚社会共识，避免个人认知与社会认知产生割裂感。用户层面，虽然算法推荐技术使用户更容易陷入"信息茧房"，但个人的选择性心理才是最重要的原因。要想成功"破茧"，用户必须尽快提升个人的信息素养，学会深度学习与"连接一切"。可以尝试去成为一名"斜杠青年"，以不同的身份参与到各种分工协作中，主动卷入进复杂多元的世界。

未来，随着算法技术的全面推开，个性化的信息获取方式也将主导着用户的日常。我们既要享受算法带来的便捷，也要努力克服自身的惰性选择心理，学会打破信息高墙，努力做一个有深度内涵的用户，而不是沦为被算法"操纵"的信息囚徒。

（二）虚假新闻解构新闻真实

1. 虚假新闻的传播层面

当前，算法正在以重要的中介形态介入新闻传播领域，在信息推送和公共传播方面发挥着重要作用。随着算法与新闻业的深度融合，虚假新闻正在以智能化的方式生产、传播。主要涉及生产和分发两个层面：

一是生产层面。"脏数据"可能会成为算法新闻生产的原材料，损害算法新闻的真实性。随着算法技术与新闻业的深度融合，新闻业的"技术主义"愈发明显，算法新闻这一新形态应运而生。过去，虚假新闻还只是由人力主导生成[1]，进入智能传播时代，技术却成为虚假新闻产出的主要驱动因素。算法新闻的生产需要依赖海量的信息数据，这些数据决定着新闻能否正常产出。然而，受到算法偏见中的数据源偏见或机器采集失误的影响，"脏数据"可能会成为算法新闻生产的原材料。"脏数据"指重复、无效、造假等有瑕疵的数据。这些"脏数据"一旦被算法机器制作成新闻，新闻的真实性就难以得到保证。毕竟，"脏数据"本身可能是片面的、虚假的数据，基于"脏数据"的新闻也缺乏说服力。2016年美国大选期间，由于民调数据存在系统性偏差，美国多家媒体的数据新闻预测出现错误。

二是分发层面。以算法推荐为核心的社交媒体将成为假新闻传播的最大推手。根据2022年皮尤研究中心的报告，美国约69%的Twitter用户从这些平台获取新闻。社交媒体的普及使新闻信息的传播和消费进入了人们的日常生活。一方面，为了利益，包括公共部门、媒体平台、自媒体和普通用户在内的多个主体将共谋利用社交媒体传播假新闻。譬如，2016年美国大选期间，带有特朗普标签的机器人在Twitter上大量推送自动生成的虚假新闻。另一方面，在后真相时代，比起事实，人们更关注信息带来的情感体验。为了吸引公众的注意力，虚假新闻的制作和传播已成为利益主体的首选方式。由于对情感体验的过度追求，人们往往会忽视信息的真实性，自觉地讨论、传播甚至转发利益主体制造的虚假新闻，扩大其在社交媒体平台上的影响力。当社交平台算法预测到话题热度攀升时，很有可能会为其赋权，促使虚假新闻在更大范围传播。2016年美国大选期间，Facebook上关于总统大选的假新闻在平台上疯传，影响力远超美国主流媒体。

若任由以上虚假新闻自由传播，将带来新闻生态系统失衡、媒体公信力受损，以及后真相加剧的后果。首先，新闻生态系统面临失衡的风险。目前，由于生产的隐蔽性，技术驱动的虚假新闻正在以更快的方式在社交媒体等平台上形成不受控制的传播趋势，并通过平台的交互性实现二次传播、多重传播，甚至是病毒式传播，严重背离传统媒体时代新闻媒体的公共责任，挑战新闻真实性和准确性。其次，媒体公信力也会受到虚假新闻的影响。2021年，英国主流媒体路透社的新闻研究机构发布报告称，大多数美国人不再信任新闻媒体，公众更愿意从社交媒体获取新闻。媒体公信力是媒体获得公众信任的力量。然而，算法产生的虚假新闻和社交媒体平台上虚假新闻的泛滥已经使新闻业黯然失色。再加上平台算法个性化推送机制的影响，一旦用户落入满是虚假新闻的"信息茧房"，个人认知与社会认知将脱节，用户对社会图景失去全面了解，最终导致新闻媒体和新闻业受到质疑。例如，美国《2018年数字新闻报道》的调查结果显示，当虚

---

① 董天策. 虚假新闻的产生机制与治理路径 [J]. 新闻记者，2011（03）：33－37.

假新闻在媒体环境中传播时，75%的受访者认为责任在新闻机构，71%的人认为主流媒体的报道是不准确和有偏见的。最后，虚假新闻的传播会加剧后真相的现状。后真相时代的特点是"情绪先行，真相在后"。在算法等智能技术的加持下，虚假新闻将以更隐蔽的方式在社交媒体等平台上传播。再加上虚假新闻情绪化的内容特质，受众往往会被虚假新闻左右，受到别有用心的利益共谋者的操纵，公众情绪持续被激化。

2. 虚假新闻的有效设置

应对算法传播中的虚假新闻问题，需要从技术和社会两个层面展开治理。

技术层面，从算法和社交媒体平台两方面着手。一方面，需要提高算法设计者和算法使用者的把关意识，明确算法生产和算法推荐的价值标准，保证算法程序能够及时识别虚假新闻的生产要素和产品。另一方面，社交媒体等平台应继续优化内部审核机制，以 AI 核查 + 人工辅助的方式监控平台内部的虚假新闻传播情况，及时移除虚假新闻，或降低虚假新闻的优先级。

社会层面。鉴于算法传播中的虚假新闻传播乱象涉及多个主体，因此，社会层面的措施不能单独局限在政府主体，作为传播者、被影响者、治理的参与者，以及能够提供外部技术支持、外部协作的科研共同体，也同样需要共同协力应对算法传播中的虚假新闻传播乱象。首先，政府既要设立专门机构对算法进行全流程监督，同时还应加紧完善虚假新闻的法律规制。2018 年 9 月，欧盟出台《反虚假信息行为准则》，该准则确认了虚假信息的具体治理措施，同时还对互联网平台实施相应管制。其次，具有多重身份的个人用户需要明确每个身份的义务和权利，合理激活个人权力。作为传播者，用户不仅要谨慎传播信息，避免成为虚假新闻的来源，还要警惕来自社交网络的信息，避免虚假新闻的二次传播。作为被影响者的用户，需要尽快提升自身的媒介素养，提高识别虚假新闻的能力。作为治理的参与者的用户，应充分发挥个人主动性，积极举报在社交平台发布虚假新闻的账号，减少虚假新闻被推荐的机会。最后，来自平台外部的科研共同体可以尝试为平台监测虚假新闻、治理虚假新闻提供技术支持。

与传统的虚假新闻相比，智能传播时代的虚假新闻具有生产隐蔽、传播不可控的特点。面对由算法技术带来的虚假新闻问题，以及由此带来的新闻生态失衡、媒体公信力受损、后真相现状加剧等风险，来自技术与社会圈层的主体都需明确各自的责任，携手应对新时代虚假新闻传播之乱。

▶▶ 小　结

算法既能促进新闻业革新，也会带来透明、隐私、偏见和歧视风险，激活信息茧房与虚假新闻等诸多新闻伦理难题。或许算法传播中的新闻伦理困境永远无法根除，但作为用户，我们应该时刻警惕算法技术对新闻伦理和社会伦理的影响，避免主体权利受到侵蚀，避免算法工具理性与人类价值理性失衡，避免陷入主体客体化的境地。政府、媒体、平台、用户等多方主体也应共同努力，一起促进算法与人、算法与新闻、算法与社会的和谐发展，引领算法继续"向善"。

 【思考题】

（1）为什么算法"黑箱"会使新闻生产"黑箱化"？会带来哪些风险？

（2）算法会在哪些环节侵蚀用户的隐私权？后果是什么？

（3）算法偏见具有哪几种类型？后果是什么？

（4）如何理解算法偏见与算法歧视之间的关系？算法歧视有哪些类型？又会带来什么样的后果？

（5）如何理解算法的个性化定制服务与信息茧房之间的关系？又该如何避免陷入信息茧房？

（6）算法传播中的虚假新闻会在哪些环节产生？又为什么会产生？应该如何应对？

 【推荐阅读书目】

[1]《算法设计与分析》，王红梅、胡明著，清华大学出版社，2013年版.

[2]《技术的本质》，布莱恩·阿瑟著，浙江人民出版社，2014年版.

[3]《终极算法：机器学习和人工智能如何重塑世界》，佩德罗·多明戈斯著，黄芳萍译，中信出版集团，2017年版.

[4]《权力的媒介——新闻媒介在人类事务中的作用》，阿尔休尔著，黄煜、裘志康译，华夏出版社，1989年版.

[5]《媒介偏见：新闻组织行为表象与政治原动力的机制呈现》，陈静著，浙江大学出版社，2015年版.

[6]《大数据伦理：平衡风险与创新》，科德·戴维斯、道格·帕特森著，赵亮、王健译，东北大学出版社，2016年版.

[7]《算法的陷阱：超级平台、算法垄断与场景欺骗》，阿里尔·扎拉奇、莫里斯·E.斯图克著，余潇译，中信出版社，2018年版.

[8]《算法霸权：数学杀伤性武器的威胁与不公》，凯西·奥尼尔著，马青玲译，

中信出版社，2018 年版.

[9]《技术至死：数字化生存的阴暗面》，叶夫根尼·莫罗佐夫著，张行舟、闫佳译，电子工业出版社，2014 年版.

[10]《信息乌托邦：众人如何生产知识》，凯斯·桑斯坦著，毕竞悦译，法律出版社，2008 年版.

[11]《驯服算法：数字歧视与算法规制》，凯伦·杨、马丁·洛奇编，林少伟、唐林垚译，上海人民出版社，2020 年版.

[12]《数字化生存》，尼葛洛庞帝著，胡泳、范海燕译，海南出版社，1996 年版.

参考文献

[1]陶迎春.技术中的知识问题——技术黑箱[J].科协论坛(下半月),2008(07):54-55.

[2]张淑玲.破解黑箱:智媒时代的算法权力规制与透明实现机制[J].中国出版,2018(07):49-53.

[3]仇筠茜,陈昌凤.黑箱:人工智能技术与新闻生产格局嬗变[J].新闻界,2018(01):28-34.

[4]赵龙轩,林聪."黑箱"中的青年:大学生群体的算法意识、算法态度与算法操纵[J].中国青年研究,2022(07):20-30.

[5]夏梦颖.算法推荐隐私保护机制研究[J].编辑学刊,2021(03):24-29.

[6]张超.作为中介的算法:新闻生产中的算法偏见与应对[J].中国出版,2018(01):29-33.

[7]刘培,池忠军.算法歧视的伦理反思[J].自然辩证法通讯,2019,41(10):16-23.

[8]申楠.算法时代的信息茧房与信息公平[J].西安交通大学学报(社会科学版),2020,40(02):139-144.

[9]宝拉·F·拉扎斯菲尔德,等.人民的选择:选民如何在总统选战中做出决定(第3版)[M].唐茜,译.北京:中国人民大学出版社,2012.

[10]段荟,袁勇志,张海.大数据环境下网络用户信息茧房形成机制的实证研究[J].情报杂志,2020,39(11):158-164.

[11]董天策.虚假新闻的产生机制与治理路径[J].新闻记者,2011(03):33-37.

第十讲

算法传播与互联网治理

随着互联网的快速发展，互联网平台成为内容生产、舆论发酵、公众表达的主要场域。在互联网平台中，算法的普遍使用给互联网治理带来了机遇和挑战。一方面，算法把关和算法分发给互联网信息生产和分发带来便捷，不仅提高了信息内容传播的效率，也满足了用户的个性化需求。另一方面，算法不断渗透到互联网的各个领域，在这其中算法偏见使互联网内容偏离公共价值、算法侵犯用户个人隐私等问题也逐渐显露。同时，互联网平台以算法为核心竞争力，不断突破自身权力边界，扩张平台的垄断权力，对包括政府、用户、平台在内的多个互联网主体产生了威胁。算法主导了社会信息传播系统，其技术逻辑和社会公共价值逻辑产生碰撞，也给互联网带来意识形态安全的风险。本讲对算法传播下互联网内容治理风险、平台垄断权力的扩张、意识形态安全治理的困境等问题做了梳理，以期为互联网治理指明路径。

▶▶ 一、算法把关及分发机制与内容治理

智媒时代，互联网平台大多数依靠算法进行内容把关和分发，算法技术代替了传统媒体时代以编辑为主导的新闻选择，在互联网传播环境中显示出巨大的生命力。然而，算法在提升互联网的内容信息传播效率的同时也带来一系列互联网内容治理问题：算法传播的内容带有社会偏见，算法分发的信息偏离公共价值，不可见的算法技术侵犯用户个人隐私……以上种种也引发了学界和业界对平衡商业价值与公共价值、技术发展与人本精神的思考。

（一）从人力主导到智能决策：内容把关分发的发展趋势

互联网内容把关分发主要经历了传统人工编辑把关分发、以社交为中心的把关分发、算法智能化把关分发三个阶段。一是传统人工编辑。传统媒体时代，信息内容把关主要由记者编辑担任"把关人"，在以人工为核心的模式下，受众只能被动地接受带有人工编辑价值观倾向的千人一面的信息内容，难以满足用户的个性化需求。二是以社交为中心的把关分发。中国大数据行业深度分析及投资战略咨询报告显示，用户通过社交媒体关注某个热点的比例超过83%[①]，社交媒体的兴盛催生了以社交为中心的人际网络把关模式。人际网络把关分发模式有两个特点：受众在社交圈中拥有了更多的信息主动权以及社交网络本身有对内容进行把关的功能。然而，这种仅依靠人际网络来进行内容推送的把关分发建立在拥有相同志趣的熟人圈中，信息的共享有可能会带来错误价值观的强化，且建立在社交圈之上的把关无法有效过滤劣质信息。三是算法把关分发的崛

---

① 智研咨询. 2016—2022 年中国大数据行业深度分析及投资战略咨询报告 ［R］. 2016.

起。在人工智能不断深化发展的今天，以算法为核心的智能把关分发模式成为各平台的首选。2020 年 Facebook 发布的报告显示，平台 88% 的内容是通过算法过滤的，由此看出算法在帮助平台筛选内容方面起到一定的作用。算法根据用户的互联网活动获取用户的职业、地域、年龄等个人信息，形成用户个人标签、刻画用户画像以进行个性化内容的分发。同时，算法还将用户所在场景作为信息分发的考虑因素，建立在用户场景之上的信息服务能更好地满足用户的信息需求。

（二）算法把关分发机制带来的内容治理风险

1. 算法凸显内容生产中的社会偏见

算法偏见是算法程序在信息生产与分发过程中失去客观中立的立场，造成片面或者与客观实际不符的信息、观念生产与传播，影响公众对信息的全面、客观认知。在算法运行过程中，数据失真和人工选择都会导致算法偏见的产生。首先，算法是建立在数据驱动之下的计算程序，数据的准确、完整、客观是算法保持准确客观的前提，若数据库里本身存在着虚假数据或者数据缺失的情况，便有可能会导致算法偏见的产生。其次，数据库的原始数据的分类由人工进行，即内容是否有害是人工标记的结果，其中不可避免夹杂了大量的个性化观点，带有偏见的数据库也成为讨论算法内容把关伦理问题的重点。同时，算法内容把关的流程以程序员设计的代码为基础，设计者个人价值观被算法复刻，算法便会具备主观性。在平台商业利益支配下，算法往往拥有单一固化的决策思维，带有社会偏见的信息内容在简单化的算法决策过程中难以得到有效的识别和过滤。例如，在《社会问题杂志》（*Journal of Social Issues*）上的一项研究显示，如果搜索传统的非裔美国人的姓名，结果中显示有逮捕记录的可能性更大，这就说明算法偏见已在无形中嵌入互联网信息搜索和分发中。经研究发现，不分性别的互联网搜索产生的结果仍然以男性为主，这些搜索结果会对用户产生影响，加剧了性别偏见，并可能影响到招聘结果。综上所述，数据失真和人工选择都会使算法偏见产生，导致留存的互联网信息内容存在社会偏见，而目前人工智能技术的升级并没有解决这一问题。

2. 算法传播的信息内容背离公共价值

首先，平台在商业价值和社会公共价值之间难以平衡，"流量思维"下缺少对算法的外部监督，从而导致互联网内容存在偏离社会公共价值的可能。其次，当前西方政治力量对于国内互联网的渗透进一步加深了社会对算法带来的公共价值偏向的担忧。算法携带政治目的，以"靶向推送""精准投放""针对性修辞"等方式构成的话语体系，使互联网内容偏离公共价值，即算法精准形塑某种个性化文化趣味和政治取向，从而背离社会公共性政治建设，以个人或部分人的意志取代全社会的共同意志①。例如，在"唐山打人事件"中，社交平台中诸如"受害者已死亡"等谣言频发，算法通过热点事件推荐将这些谣言分发给用户，不断扩大谣言的传播范围。在这场严肃的犯罪事件中，算法加速了谣言的扩散，使互联网舆论不断发酵，偏离社会公共性。

此外，个性化推荐使用户束缚于信息茧房中，背离信息传播的公共价值。对于个人而言，算法分发的内容虽然迎合了用户的需求，但也使用户沉溺在个人的趣味信息中，被剥夺获得完整知识的平等权利，从而被"信息茧房"束缚。算法不断挖掘用户的个人信息，预测并控制用户的行为，这可能会导致用户自我认知的偏差和个人意识的膨胀。对于社会而言，"信息茧房"限制了公众交往的理性，导致社会共识难以达成，甚至容易出现群体极化的现象。另外，公民过高的自我认同降低了其对于不同观点的包容度，也在一定程度上堵塞了社会信息流通，不利于社会和谐和稳定。以上现象表明，算法在传播中存在背离社会公共价值的可能。

3. 个性化推荐对用户隐私权的侵犯

算法分发表面上是利用人工设计的计算公式进行信息的处理，但是本质上已经超脱简单的数学规则。算法运行的本质在于对大数据中的信息内容进行抓取、计算和分析，数据库中留存着用户个人信息，包括住址、生产的内容、兴趣爱好等，这隐藏着极大的个人隐私泄露风险。当前，用户只要在使用网络和手机，大数据和算法便可以在用户毫不知情的情况下收集个人 IP 地址、定位、购物清单等信息并进行分析，用户的个人隐私在无处不在的"监控"下一览无遗。在这个过程中，用户甚至没有意识到隐私权正在被侵犯，标榜着"为用户着想""有温度"的算法对用户隐私侵害变成"无感伤害"，且这种"无感伤害"存在隐蔽性和滞后性。国外社交平台如 Twitter、Facebook、Google，国内社交平台如微信、微博、抖音，这些优势互联网平台不仅拥有来自全球范围内庞大的用户群体，而且拥有这些用户群体背后汇聚的数以百亿计的用户信息。平台利用这些丰富的信息资源，打造个性化的推送，以实现商业和政治目的。例如，2018 年，剑桥分析企业通过不正当手段获取 Facebook 超过 5000 万用户的信息，企图干预美国政治选举；2012 年，谷歌利用技术优势，绕开苹果浏览器中的隐私设置，对用户的浏览活动进行跟踪。由此可见，大数据就像"第三只眼睛"，时刻注视用户的举动，这不仅会对用户的个人隐私造成侵犯，从长远来看，用户长期居于"超级全景监狱"中也容易感到焦虑和压抑。不可否认，算法个性化推荐提升了信息传播的精准性，但是算法技术在

---

① 全燕，陈龙. 算法传播的风险批判：公共性背离与主体扭曲 ［J］. 华中师范大学学报（人文社会科学版），2019，58（01）：149-156.

数据挖掘中对用户隐私的侵犯是当前不可回避的问题。

（三）互联网内容治理的现状与面临的挑战

互联网内容治理已经成为当前互联网综合治理的关键环节，既是互联网治理的具体抓手方向，又是党和政府新闻工作的核心所在。2021 年第十三届全国人民代表大会第四次会议上，时任总理李克强提出"加强互联网内容建设和管理，发展积极健康的网络文化"。2022 年，国家互联网信息办公室、工业和信息化部、国家市场监督管理总局联合发布《互联网弹窗信息推送服务管理规定》，旨在加强对弹窗信息推送服务的规范管理，维护国家安全和社会公共利益，保护公民、法人和其他组织的合法权益，促进互联网信息服务健康有序发展。同年 3 月实施的《互联网信息服务算法推荐管理规定》规定普通用户可以拒绝算法推荐，严令禁止"大数据杀熟"，算法安全、算法歧视等问题也受到重视。由此可以看出，我国对互联网内容治理的重视程度不断增强。

法律法规的逐渐完善推动了互联网内容治理的进程，但目前的规章制度仍然难以匹配持续拓展的互联网内容治理的外延，在法律的制定和实施中缺少针对互联网内容治理概念的界定。例如，2019 年《网络信息内容生态治理规定》推出，但对互联网内容的违规判定和惩处缺乏严格统一的标准，在内容治理的实际操作过程中容易产生歧义，导致效果不佳。此外，在治理过程中，监管部门的执法环节也存在问题。当前，政府监管部门大多充当"消防员"的角色，问题出现后迅速"灭火"，对互联网内容治理力不从心，导致我国互联网内容治理呈现"善后为主，被动治理"的特点。在治理方式上，相关部门在事后对违法违规信息采取警告、强制封号、限制、删除的处罚方式，难以在把关环节事先监管和规避不良内容，在监管上呈现"跟随性"和"滞后性"。

算法作为新兴的互联网技术，其本身就给互联网治理带来诸多挑战。首先，政府相关部门的治理速度落后于互联网内容的更新。算法传播打破了传统信息传播的时空限制，带来即时信息的消费与流转，用户可以 24 小时不间断地获取内容。平台利用算法技术重构了平台的时间逻辑，在不停歇的时间秩序中打造内容的"裂变式传播"。在算法驱动的互联网生态中，政府相关部门治理速度往往落后于互联网内容的更新，处于"弱智能"的监管模式。如"12321"举报中心接到互联网内容举报后，会在 5 个工作日内进行反馈，反应速度存在较为明显的滞后。

其次，互联网治理体系与内容治理资源商业化配置之间存在矛盾。在技术资源上，互联网平台往往更具优势。从 1996 年三大门户网站的出现，到百度、Google 等搜索引擎平台的兴盛，再到微博、微信等社交平台的崛起，技术都是推动平台不断发展的核心力量。同时，平台本身具备趋利属性。为获取更大的商业利益，平台往往会降低内容生产的标准，凭借强大的技术力量进一步加强对互联网内容资源的掌握和利用。面对具有雄厚技术优势的商业化平台，如何处理以政府监管部门为主导的内容治理体系与内容治理资源商业化配置的矛盾，也是互联网内容治理面临的一大挑战。

二、算法传播中平台垄断与治理

在智能媒体普及的背景下，互联网平台的崛起带来人们消费模式和生活方式的改变。作为互联网平台核心竞争力的算法由"中介"转化为"传播者"，成为平台拥有互联网生态掌控权的技术手段。在算法推动下，平台组织日益成为对社会经济要素整合的重要载体，建立某种秩序，获得话语权，从而催生出平台权力。普通群众的衣食住行早已被支付宝、微信、美团等互联网平台巨头占领，以算法为工具收集和挖掘的用户数据成为平台不断扩张垄断权力的资本。互联网平台垄断权力的不断扩张对市场的公平竞争产生了威胁，如腾讯屏蔽抖音，Apple Store 屏蔽 Spotify，这些事件也引发了人们对垄断权力与正当竞争之间的思考。

（一）算法操控下平台的垄断效应及成因

在算法驱动下，平台在获取用户数据方面有着巨大优势。算法加速强化平台的信息掌握权，形成数据权力和算力体系，从而凝聚成平台权力。平台权力可以表现出多种具体的形式，最重要的一种形式就是垄断权，这种平台垄断体现了强大的排他性和独断性。排他性主要表现为"二选一"的独家交易行为，即要求用户就相同或类似的平台只能与自己交易而不能与其他第三方进行交易；独断性体现在平台经营者利用自身优势地位，通过制定有利规则来限制市场竞争。实现平台垄断需要依靠强大的技术优势，这里的技术便指算法。经济合作与发展组织（Organization for Economic Co-operation and Development，简称 OECD）曾在《算法与共谋：数字时代的竞争政策》报告中指出，算法技术的发展对各国反垄断治理带来了巨大的挑战，仅利用现有的反垄断规则和方法去认定基于算法的平台垄断行为是极为困难的。

在智媒时代的背景下，互联网平台的运行往往是以"数据＋算法"为驱动力量，在数据和算法的赋能下，平台得以实现价值的聚合和资源的优化，进一步实现价值的再创造。平台对用户个人信息的收集和整理，将有助于为用户定制个性化的服务，实现用户关系的深度经营。平台数据规模越大、更新越及时，便越能够给互联网平台提供更充分的驱动力量。在此基础上，平台获取的海量数据需要算法来不断挖掘和处理，通过对用户的个性化分析来预测用户行为的动态变化。平台在运作过程中根据算法预测的规律来决策，从而在市场中抢占先机。

平台利用数据和算法将用户转化为"量化的自我"，即可以被预测、观察、度量的客体。平台通过内容的匹配塑造用户的消费行为和决策，不断加强用户黏性以对用户进行绝对占有，以此提高自身的市场优势，强化自身的垄断地位。当前，头部互联网平台的优势极为显著，长期居首的腾讯、百度和阿里巴巴，用户规模渗透率分别高达91.3%、94.6%、95.9%①，互联网生态成为互联网巨头争夺的利益场域。2021年2月2日，抖音向北京知识产权法院正式起诉腾讯涉嫌垄断，抑制抖音通过微信等平台进行引流和内容分销，这也成为国内首例发生在互联网平台之间的反垄断诉讼。在这场没有硝烟的互联网战争中，算法是平台的核心驱动力，互联网平台利用算法让用户沉溺其中，通过消耗用户的时间感知来延长画面停留时间。算法使互联网平台获得巨大的竞争优势，扩大平台在互联网世界中的垄断和掌控权力，实现大型平台垄断的自我强化和扩张。

（二）互联网平台垄断效应带来的风险

首先，平台垄断效应会触碰其他经营者的利益并进一步抑制行业的创新。平台权力是以软性治理代替强制统治，他们逐渐因"链接"而掌握平台准入权、资源调配权、实际管制权等巨大权力②。平台在自身运转过程中拥有了极大的规则制定权，但这种规则制定权往往是基于平台自身的利益，往往会触动和侵犯其他经营者的利益。例如，曾有多家亚马逊平台的商家投诉亚马逊平台"公平定价政策"（Fair Pricing Policy），该政策使亚马逊平台能够对在线市场上以较低价格提供商品的卖方施加"制裁"。同时，平台垄断效应下的企业并购行为进一步打压了行业创新的积极性，使行业进入内耗阶段。企查查数据显示，截至2020年，过去十年内我国共计发生互联网企业并购事件542件。伊安尼斯·利亚诺斯（Ioannis Lianos）指出，当前"杀手式收购"行为是平台为了获取更加先进的算法和不同种类的数据而对初创企业进行的收购，其将潜在的"颠覆式创新"扼杀在摇篮之中。

其次，平台利用算法使用户受控于平台之中，成为无意识的消费者。算法为用户打造高适配性的消费场景，使用户在"习惯"的奴役下产生"惯性消费"，从而将用户束缚于平台的文化生态中。算法为平台界面的打造提供了源源不断的素材，不管是人们外出旅游时使用"美团"来获知商家的测评，还是依托"微信小程序"来了解周围的商铺，算法都能够基于人们的需求提供无穷的场景信息，并且用户在相关激励制度下会在消费结束后提供自己的测评信息，为平台贡献个人消费意见。算法建构了全新的时间秩

---

① QUEST MOBILE. 2020中国移动互联网年度大报告（上篇）[EB/OL].[2021-01-27]（2021-03-04）. https://www.afenxi.com/82391.html.

② 刘晗. 平台权力的发生学——网络社会的再中心化机制 [J]. 文化纵横, 2021,（01）:31-39.

序，信息不再根据时间先后顺序呈现，而是根据用户需求和兴趣在合适的时间出现，这意味着平台上的时间流转被框定在了算法可计算的逻辑内，并通过不停歇地更新和流转将用户无限期地锁定在平台中。用户的"意识流"正在与作为程序工业产品的算法时间流相汇合，在不断地被"种草"中消耗自己的注意力，从而成为无意识的消费者[①]。

最后，平台垄断效应会导致产业生态的破坏和对公权力的侵蚀。互联网平台垄断的发展格局不断扩张，而垄断的市场局面难以给新兴企业的成长提供公平竞争的生态环境，从而对新兴企业、中小企业的生存带来破坏性的影响。不仅如此，平台垄断效应在不断强化下还会对公权力造成危害。当前互联网平台聚集了亿万网民，掌握着"数据和算法"这一社会治理的优势技术，在强大的信息技术资源下拥有了与政府抗衡的筹码，这将不可避免地侵蚀政府的公权力，甚至带来不可预知的后果。

（三）平台垄断治理现状

当前平台治理与反垄断是全球性的共识。平台垄断的本质不仅是经济问题——破坏市场公平竞争，而且是政治问题——直接影响国家政治的运行和国家治理的稳定。谷歌、亚马逊、脸书、苹果、微软五大巨头不仅是参与竞争的单个公司，而且是利用超级平台控制数字市场门户的"企业平台精英"[②]，国际垄断竞争在互联网平台之间展开。基于此，中国和欧美政府开展了互联网平台反垄断行动。相比较于欧美，中国的平台治理方向更注重公民和社会的利益。在法律层面上，2008年《中华人民共和国反垄断法》实施，对于保护市场公平竞争具有重要意义。2018年的全国网络安全和信息化工作会议强调了知识产权保护，指出要反对互联网平台的垄断竞争。2021年《建设高标准市场体系行动方案》推出，方案重点在于加强和改进反垄断与反不正当竞争的执法力度，推动完善平台垄断认定、数据滥用管理、消费者权益保护的法律法规。2021年7月23日，工业和信息化部召开互联网行业专项整治行动动员部署电视电话会议，正式启动为期半年的专项整治行动，该行动旨在重点整治恶意屏蔽网址链接、干扰其他企业产品或服务运行等问题，其中包括无正当理由限制其他网址链接的正常访问、实施歧视性屏蔽措施。

诚然，法律法规的不断发展推动了平台反垄断的进程，但平台垄断治理仍然面临诸多困境。针对互联网平台垄断问题，监管机制的执法保障还需提高。在算法的作用下，平台的运行规律更为复杂，难以通过传统的垄断分析方法来判断平台的垄断行为与垄断

---

① 全燕，李庆. 算法传播中的内容生态重组、意义贫困与实践突围［J］. 传媒观察，2022（03）：18−25
② EZRACHI A, STUCKE M E. Virtual competition［J］. Journal of European Competition Law & Practice, 2016, 7
（9）：585−586.

后果之间的因果关系，执法难度不断增加。而当前国家市场监管总局反垄断执法司的编制人员不足 50 人，在人员规模上甚至未达到美国反垄断机制人员的十分之一。因此，监管机制的执法保障仍然有待提升。另外，超级网络平台无疑代表着当今全球互联网的发展水平，代表了科技创新和技术进步最前沿的成果，是国家创新的主要驱动力，是人类网络新文明的最佳载体。因此，在不影响社会发展和进步的前提下，如何解决互联网平台垄断问题是当前的首要任务。

▶▶ 三、算法推荐与意识形态安全治理

当前，互联网平台以算法推荐为依托，实现了数据的聚合、分类和推送，改变着互联网传播格局。算法推荐本身具有明确的价值取向，其广泛应用给互联网意识形态生态带来重大影响，使互联网意识形态领域的交锋更为激烈和复杂。习近平总书记指出："我们必须把意识形态工作的领导权、管理权、话语权牢牢掌握在手中，任何时候都不能旁落，否则就要犯无可挽回的历史性错误。"互联网意识形态治理是互联网综合治理的重要环节，那么在当前互联网平台中，算法是如何影响互联网意识形态安全，又是如何加剧互联网意识形态治理风险的呢？

（一）算法影响互联网意识形态安全的成因

算法与意识形态的关系已成为学界研究的重点，有学者认为科学技术属于生产力范畴，不是意识形态①。还有学者则从价值观视角得出"人工智能必然带有意识形态属性"的结论②。以上观点都没有否认算法给互联网意识形态领域带来的深刻变化。在互联网平台中，算法重构了意识形态的传播格局并掌握了话语权的分配，互联网信息内容的传播呈现智能化趋势，信息内容的"个性化定制"现象随处可见。基于此，互联网意识形态生态必然发生"算法革命"，互联网意识形态安全问题也更为突出。

一方面，算法的技术局限性导致互联网信息内容缺失品质和价值。从技术本身的角度来说，算法的本意是为了撇开主体的主观性认识，坚持用具体的数据说话，以科学性、精确性呈现相对客观和中立的一面。然而，算法技术本身仍然存在局限性，尚且无法准确判断互联网信息内容的质量深度。互联网平台为了换取高传播反馈和高用户黏性，会降低对内容的审查标准，这导致互联网的不良信息无法得到有效把关。算法技术通过对个性化信息发布规则的制定，重新塑造互联网意识形态内容的价值秩序，并对意识形态主导权形成冲击。

---

① 沈江平. 人工智能：一种意识形态视角 [J]. 东南学术，2019（02）：65 – 74.
② 赵丽涛. 我国主流意识形态网络话语权研究 [J]. 马克思主义研究，2017（10）：78，85.

另一方面，在价值偏向上，以商业利益为倾向的算法推荐在信息分发过程中难以与主流意识形态同向而行。算法推荐基于用户的浏览记录、个人信息的获取来形成用户画像，背后是工具理性偏向和效率主导的逻辑，其最终目的是强化信息内容的个人偏好以达到高传播效率、高点击率和浏览量。其中，以获取利益为目的的算法难以承载主流意识形态价值。再者，算法运作过程中若使用者把自己的某种预设或愿望植入其中，通过故意篡改或扭曲数据的行为实现自己的主观目的，就可能出现偏离应有结果的现象。算法推荐背后是权力属性，平台在算法运作过程中有意无意地忽视公共价值，影响算法的决策行为，商业资本合谋利用算法来争夺互联网意识形态场域。在互联网中，以算法为主导的信息分发看似掌握着议程设置权，而实际上却是平台借助算法将自身意志嵌入信息传播，以挟制整个互联网意识形态场域。看似客观中立的算法背后实则缠绕着复杂的资本和商业关系，平台凭借算法来实现对用户观点的操控、对舆论主导权的掠夺和意识形态场域的把控。

（二）算法加重互联网意识形态治理风险

1. 算法使互联网意识形态生态复杂化

算法把基于用户喜好的新闻、观点等信息置于用户面前，"个性化"的算法话语侵蚀主流意识形态的话语权。在以谷歌、百度、知乎为代表的搜索类平台，以微博、微信为代表的社交类平台，算法都成为信息分发的主要技术手段，使"个性化"内容被指定的用户看见。由此 Bucher 提出了"算法可见性"（Algorithmic Visibility）的概念，他认为算法是制造"不可见"压力的源泉①。当用户仅对与自身喜好相关的内容"可见"时，则会导致众多社会公共信息的"不可见"，主流意识形态话语面临碎片化、娱乐化、去中心化的冲击，在个性化信息洪流中被淹没。同时，算法赋予每一个互联网个体发声的权力和自由，复杂多样的价值争辩会引发不同的社会思潮，而算法却没有给予用户能够促成公共讨论的异质信息，社会共识难以在讨论中达成，这会削弱主流意识形态的教化作用，导致主流意识形态的话语权被侵蚀。

与此同时，算法传播下主流意识形态内容推荐的优先级下降。在算法赋权和精准推送下，主流媒体不仅面临话语权被侵蚀的风险，而且传播力和影响力也正在逐渐下降。中共中央文献研究室的数据显示，新浪微博、今日头条等新闻资讯平台汇聚了 95% 的用户注意力，可产生百倍甚至千倍的影响力。同时，算法秉承"流量至上"原则，导致娱乐新闻、边缘新闻成为内容推荐的优先顺位，主流意识形态内容的优先级逐渐下

---

① BUCHER T. The right-time web: Theorizing the kairologic of algorithmic media[J]. new media & society, 2020, 22 (9): 1699-1714.

降。从短期看，算法的确满足了人们的个性化需求，而从长远看，算法导致意识形态内容过度娱乐化，正能量内容弱化，甚至会出现劣币驱逐良币的效应。我国的主流价值观是经过长期实践逐步确立起来的，对人们的政治判断、言论导向具有指导作用，是社会得以不断前进的航向指标。算法以个人价值观为中心，当个人价值观与主流价值观发生冲突时，则会迅速汇聚成"逆主流价值观"的思想潮流，对主流价值观带来威胁。算法主宰下的信息推荐带来意识形态导向隐忧，必须规范算法的技术偏向，才能让社会主义主流意识形态占领高地。

2. 算法增加互联网意识形态的管控难度

算法在传播速度、传播覆盖性、传播内容上改变了互联网信息传播的流程，在此过程中，互联网意识形态的管控难度不断增加。在传播速度上，算法推荐主导了议程设置，根据技术逻辑自动设置热点，并且突破传统分发在时空上的障碍。以 CNN 在 Facebook Messenger 推出的算法为例，该机器人每日根据读者输入的兴趣记录，推送一组个性化推荐新闻。此外，输入不同的关键词，还可获取该主题的一组新闻，传播速度的即时性给互联网意识形态的检测和预警带来了挑战。在传播覆盖性上，当前算法成为信息分发的主导手段，平台间算法的协同推送带来了更广的信息覆盖性，这种分发形式使得具有相同价值观的互联网群体得以快速聚合，更容易引发大范围的社会舆情事件，这将对主流意识形态带来极大的冲击。在传播内容上，算法传播的内容更具情绪的复杂性和碎片化的特征，且算法尚未具备判断信息内容真实性的能力，这使传播内容有了失真的可能。一旦用户接受并认同虚假内容，便会导致互联网舆论发酵，加剧互联网意识形态的不确定性。2019 年巴黎圣母院火灾当天，YouTube 大力推行的号称可以帮助用户识别和屏蔽假新闻的算法将巴黎圣母院火灾事件与"9·11"事件混为一谈，导致至少有三家主流媒体的火灾直播与"9·11"事件的文章进行了匹配，引发民众对恐怖主义的恐慌。基于算法在传播速度、传播覆盖性、传播内容上的种种不确定性，互联网意识形态更为复杂多变，这无形之中增加了互联网意识形态的管控难度。

正如泽里利（zerilli）所言，算法开发从来都不是一个完全客观的、没有价值的努力：它将受到一系列社会和制度规范、实践和态度的影响，这些规范、实践和态度很可能在设计中形成偏见①。算法执行过程中以控制热搜、资讯排序、点击量造假等手段控制社会舆论的可见度和曝光度，通过对资本指定的事件和热点进行凸显和隐藏来操控社会意识形态的偏向，对用户关注的议题、舆论焦点等产生重要影响，甚至对与舆论相关

---

① ZERILLI J, KNOTT A, MACLAURIN J, et al. Transparency in algorithmic and human decision-making: is there a double standard? [J]. Philosophy & Technology, 2019, 32(4): 661 – 683.

的现实行为产生动员的效果。在互联网意识形态发展的全过程，算法都展示出强大的信息优势。近年来，被神话的算法更具支配性，对意识形态的控制在无法窥探的"技术黑箱"中完成，更难以被预警和察觉。

▶▶ 四、算法规制与互联网治理的现实路径

依前文所示，算法打造的信息茧房让个体迷失真正的自我，对个人数据的滥采和滥用侵犯用户隐私。算法重构互联网时间结构，打造时间牢笼，让用户不断增加沉溺于平台的时间，成为平台扩张垄断权力的核心竞争力。同时，算法在传播时空、传播覆盖性、传播内容上改变了互联网信息传播流程，使互联网意识形态生态更为复杂多变，增加了意识形态管控难度。智媒时代，面对互联网生态兼具复杂性、动态性和多样性的现实，互联网治理又该采取怎样的逻辑，才能全面审慎地规避算法带来的治理危机？本节在上文基础上，尝试提出互联网治理的若干路径。

（一）技术升级与人工介入，多元共治算法风险

从技术角度而言，要在把关和分发两个方面实现算法技术的进一步升级。在算法把关上，加强算法分析互联网信息内容语境的能力，对互联网信息内容进行更为全面的识别，避免算法传播的新闻出现失实的现象，提高算法推荐内容的质量；在算法分发上，通过更全面、更多维的数据分析，为用户提供更多的信息选择，从而避免算法对用户进行简单定义归类的程式化缺陷。同时，通过设置正能量"内容池"，增加算法分发对主流意识形态内容的优先推荐权重。例如，浙报融媒体科技打造"新莓汇"稿池平台，截至 2022 年 6 月，吸纳正能量稿件超 155 万篇，日均稿量超 2400 条，为算法推荐提供了更多正能量素材，发挥了积极引导、共创共享的正向作用[①]。

目前，Snapchat、Instagram、Facebook、YouTube 等以往通过算法进行内容推送的社交媒体也宣布增加新的管理功能：依靠人工从已经被算法筛选过的大规模内容中选择最好的内容进行推荐。通过"算法＋人工"的双重审核，能提高算法的可控性，有效纠正算法偏差。另外，各平台还需要坚持多元共治理念，加强外部人员的审核监督。今日头条推出专家团体质量审核项目，邀请政府机构、新闻媒体、学者专家等对内容质量进行审核。在审核过程中，专家团队拥有更多审核的权限，当平台客户端中出现涉嫌犯罪、色情等不良信息时可以优先处理。在后续的情况处理中，可让更多网络热心群众、意见领袖等人群加入监督群中，充分考虑不同行业的性质，与专家团队配合，多元共治

---

① 王琳，周翌. 数字化背景下的省域内容稿池模式研究：以浙报融媒体科技"新莓汇"正能量稿池为例 [J]. 全媒体探索，2022（07）：14－17.

互联网内容生态。

（二）完善法律法规和加强平台自治

2016 年 4 月 19 日，习近平总书记在网络安全和信息化工作座谈会上的讲话中，再次从事关人民利益的高度谈到网络治理的重要性，网络空间天朗气清、生态良好，符合人民利益，网络空间乌烟瘴气、生态恶化，不符合人民利益。政府作为互联网治理的主导者，要不断完善互联网治理的法律法规，这对算法的规制发挥着兜底作用。2022 年 3 月 1 日起，相关部门推出并施行《互联网信息服务算法推荐管理规定》，对算法推荐造成的不良影响进行有针对性的多环节治理，要求平台规范用户画像模型和标签设置，严令禁止"大数据杀熟"，赋予用户自主选择观看内容的权力，在保障用户选择权的同时，还敦促平台遵循正确的价值观，规定平台不能以"流量至上"为目的向用户推荐实现平台收益最大化的内容。

然而，我国当前法律在对算法的监管上仍然缺乏针对性和精细化的管理，对算法的治理在监管主体和监管对象上缺乏明确的规定，通常依靠各级政府监管部门对法律法规的领悟，这容易在治理过程中产生法律歧义和不规范现象。因此，应重点通过立法明确算法的监管主体和监管对象。在监管主体上，由于算法对监管主体的专业性和知识性都提出了挑战，因此确保监管者的专业能力格外重要。要确保监管部门的监管人员的任职条件，规范监管行为，打造精细化监管算法的专业队伍，以实现对算法的针对性监管。在监管对象上，要把算法决策的主体和算法本身都纳入监管对象的范畴。一直以来，我国都认为规范算法权力的重点应在于规范算法设计者的行为。然而，近年来算法决策的自动化程度越来越高，算法技术本身也应被纳入监管对象的范畴。如 2019 年实施的《电子商务法》就明确指出算法自身的部署功能，要求算法为用户提供自主搜索的内容结果。目前被学界倡导的预防性监管事实上也必然指向对算法本身的审查。

人工智能时代的互联网平台不仅仅是信息交易中心，也是互联网治理的主体。互联网平台在追求商业利益的同时也要遵守行业规范，主动承担起自身的社会责任。从平台的角度而言，要充分考虑平台用户身份，在公共价值的指导下为用户推荐适宜的信息内容。当前各平台设置了"青少年模式"，推出青少年实名制并规定未成年人使用青少年模式。在该模式下，平台的信息推送更为优质，充分考虑青少年的日常和学习所需来进行信息分发，对青少年观看直播并打赏、打榜等行为进行限制和警告，促进青少年的健康成长。同时，要加大内容评估技术研发的投入，借助外部技术工具来提高内容审核的严谨性。目前已经有国外科技巨头主动尝试开发偏见管理和评估工具，如谷歌、微软、脸书等分别开发了 AI Fairness、360 Toolkit、Fairlearn. py、Fairness Flow 等工具，对科学高效地甄别、评估机器学习中的偏见和歧视起到了积极的作用。国内以梨视频为代表的

PGC 平台，建立了内容审核三审机制，在内容的选题、编辑、审核和发布的环节都将重点审核过程控制在编辑部内，形成较为完善的内容审核机制，进一步规避算法给内容审核带来的弊端。

（三）跳出"黑箱"：透明性原则的算法规约

"算法黑箱"这一隐喻体现了人们对当前算法不透明导致决策过程失控的担忧，也显示出对算法规制的必要性。在算法透明的理想下，有学者提出通过多元主体共治提高算法的透明度，这也是从技术哲学层面为算法的合理性提供科学路径①。也有学者主张加强监管制度，把算法透明作为路径的探讨②。总体而言，跳出"算法黑箱"还需秉持透明性原则。从概念上说，透明性主要包括信息的可访问性和可解释性③。"算法透明性"可以被理解成"阐明那些与算法有关的信息可以被公开的机制"，包括"披露算法如何驱动各种计算系统从而允许用户确定操作中的价值、偏差或意识形态，以便理解新闻产品中的隐含观点"④；也可以理解为算法可以被公开的信息，包括传播信息透明、算法理念透明和工作程序透明。当算法不能保证准确无误时，算法规制中的透明性原则就格外重要。

首先，推动算法透明要借助规章制度从可能衍生伦理问题的角度对算法进行全流程约束。全流程约束应该是从明确算法使用主体的告知义务，到完善算法参数细则、数据的手机标准，再到算法内部代码的公开，为算法透明提供规范化的路径。而且算法透明的制度规约应该是随着技术的更新不断动态发展的，也要贯穿算法工作程序的全过程。其次，遵循透明性原则还需要明晰算法自身责任主体。目前算法程序责任主体模糊，难以界定边界，要通过透明问责的程序合法评估算法责任主体、强化算法责任，解决算法下伦理问题的追责。2022 年施行的《互联网信息服务算法推荐管理规定》要求算法设计者和提供者接受安全评估，把设计者和提供者列为责任主体之一，进一步规范算法责任主体制度，推动实现算法透明的理想。最后，实现算法透明的理想还需在算法中融入人类道德价值观。在算法技术上，通过自上而下的人类道德价值观的嵌入来突破算法道德系统的伦理困境，重新界定人与非人的关系，如此才能发挥算法透明原则在算法伦理规范体系中的作用。算法注入人类道德价值观后，其与人的关系并非会恶化，而是协同

---

① 仇筠茜，陈昌凤. 基于人工智能与算法新闻透明度的"黑箱"打开方式选择［J］. 郑州大学学报（哲学社会科学版），2018，51（05）：84 - 88.

② 宋华健. 反思与重塑：个人信息算法自动化决策的规制逻辑［J］. 西北民族大学学报（哲学社会科学版），2021（06）：99 - 106.

③ 陈昌凤，吕宇翔. 算法伦理研究：视角、框架和原则［J］. 内蒙古社会科学，2022，43（03）：163 - 170.

④ DIAKOPOULOS N, KOLISKA M. Algorithmic transparency in the news media［J］. Digital journalism, 2017, 5(7): 809 - 828.

并进。人类的道德价值观通过编码形式植入算法之中，有助于解决以往算法基于工具理性产生的道德伦理问题。

▶▶ 小　结

法国技术哲学家贝尔纳·斯蒂格勒（Bernard Stiegler）认为，人类进化建立在记忆与程序之上，而技术革命将造成记忆方式与程序编码的改变。算法技术带来的巨大红利改变了人们的时空认知，推动互联网平台线上线下的深度融合，在助力形成互联网行业新业态、新场景的同时也使我国互联网生态治理形式更具复杂性。如何在倡导个性化推荐的过程中避免信息茧房所导致的群体极化，如何避免算法背后的资本通过掌握用户数据的权力实现社会民意的把控，如何规避算法偏见以真正实现技术的公平和自由，仍然值得大家深思。技术推动了互联网生态的建构，与人进行"一对一"的交流沟通，但面对技术带来的负面效应，需要政府部门通过完善法律法规来强制推动算法人性化的发展，在推动算法技术升级的同时加入人为的干预，打造"算法＋人工"协同共治的治理形式，平台自身发挥自律的规约作用，为算法注入透明性原则来推动互联网平台治理的优化与创新，提高治理效能。

【思考题】

（1）互联网治理包括哪些内容？

（2）算法对互联网治理有什么影响？

（3）算法内容推荐的利弊是什么？

（4）算法内容把关经历了怎样的发展历程？

（5）如何理解平台垄断及成因？

（6）为什么说"互联网平台垄断治理是全球共识"？

（7）算法如何解构传统舆论发展过程？

（8）在互联网治理中要采取何种措施来规避算法带来的负面影响？

【推荐阅读书目】

［1］ROBISON DAVID G. Voice in the Code：A Story about People，Their Values，and the Algorithm They Made．Russel Sage Foundation Press，2022.

〔2〕 QUADFLIEG S, NEUBURG K, NESTLER S. (Dis) Obedience in Digital Societies：Perspectives on the Power of Algorithms and Data. Transcript Verlag Press，2022.

〔3〕 BLAYNE H, NATASHA T, JAN AART S. Power and Authority in Internet Governance：Return of the State. Taylor and Francis Press，2021.

〔4〕 DENARDIS L. The Global War for Internet Governance. Yale University Press，2014.

〔5〕《互联网治理的中国经验：如何提高中共网络执政能力》，黄相怀等著，中国人民大学出版社，2017 年版.

〔6〕《算法社会中的法律沉思》，汪雄著，中国政法大学出版社，2020 年版.

〔7〕《网络社会治理研究：前沿与挑战》，罗昕著，暨南大学出版社，2020 年版.

参考文献

〔1〕智研咨询.2016—2022 年中国大数据行业深度分析及投资战略咨询报告〔R〕.2016.

〔2〕全燕,陈龙.算法传播的风险批判:公共性背离与主体扭曲〔J〕.华中师范大学学报(人文社会科学版),2019,58(01):149 – 156.

〔3〕凯斯·桑斯坦.信息乌托邦:众人如何生产知识〔M〕.毕竞悦,译.北京:法律出版社,2008:6 – 10.

〔4〕贾瑞.新媒体时代"信息茧房"现象的思考〔J〕.新闻研究导刊,2016(7).

〔5〕2020 中国移动互联网年度大报告(上).Quest Mobile 研究院,https://www.afenxi.com/82391.html.

〔6〕刘晗.平台权力的发生学——网络社会的再中心化机制〔J〕.文化纵横,2021,(01):31 – 39.

〔7〕全燕,李庆.算法传播中的内容生态重组、意义贫困与实践突围〔J〕.传媒观察,2022(03):18 – 25.

〔8〕EZRACHI A, STUCKE M E. Virtual competition〔J〕. Journal of European Competition Law & Practice, 2016, 7(9): 585 – 586.

〔9〕沈江平.人工智能:一种意识形态视角〔J〕.东南学术,2019(02):65 – 74.

〔10〕赵丽涛.我国主流意识形态网络话语权研究〔J〕.马克思主义研究,2017(10):78 – 85.

〔11〕BUCHER T. The right-time web：Theorizing the kairologic of algorithmic media〔J〕. new media & society, 2020, 22(9): 1699 – 1714.

〔12〕ZERILLI J, KNOTT A, MACLAURIN J, et al. Transparency in algorithmic and human decision-making: is there a double standard? 〔J〕. Philosophy & Technology, 2019, 32(4): 661 – 683.

〔13〕王琳,周翌.数字化背景下的省域内容稿池模式研究——以浙报融媒体科技"新莓汇"正能量稿池为例〔J〕.全媒体探索,2022(07):14 – 17.

［14］仇筠茜,陈昌凤.基于人工智能与算法新闻透明度的"黑箱"打开方式选择［J］.郑州大学学报（哲学社会科学版）,2018,51(05):84 – 88.

［15］宋华健.反思与重塑:个人信息算法自动化决策的规制逻辑［J］.西北民族大学学报（哲学社会科学版）,2021(06):99 – 106.

［16］陈昌凤,吕宇翔.算法伦理研究:视角、框架和原则［J］.内蒙古社会科学,2022,43(03):163 – 170.

［17］DIAKOPOULOS N, KOLISKA M. Algorithmic transparency in the news media［J］. Digital journalism, 2017, 5(7): 809 – 828.

［18］SUZOR N P, WEST S M, QUODLING A, et al. What do we mean when we talk about transparency? Toward meaningful transparency in commercial content moderation［J］. International Journal of Communication, 2019, 13: 18.

［19］QUEST MOBILE. 2020 中国移动互联网年度大报告（上篇）［EB/OL］.［2021 – 01 – 27］（2021 – 03 – 04）. https://www. afenxi. com/82391. html.

后　记

我从 2017 年开始关注算法传播，是国内从事相关研究的较早的一批研究者之一。2018 年，我组建了以青年教师和硕士研究生为主体的算法传播研究团队，在该领域耕耘至今。经过团队成员几年来的努力，我们在项目课题、论文、咨询报告等方面都取得了不错的成绩，也得到了学界同仁的普遍认可。

本书是我和我的 10 位研究生合作的成果，也是对这几年研究的一个阶段性总结。从第一讲到第十讲，分别由刘静、任惠珊、覃桂明、何雯敏、詹锡伟、张入迁、向钎铭、樊雨晴、杨诗华、区韵写作完成。从团队共同查找资料、阅读资料、讨论资料，到由我拟定分工方案、提供写作思路框架、提出写作要求，到大家分头写作、我集中修改，再到数轮修改、反复校订，最后书稿成型，这一过程凝聚了团队大量的心血和努力，在此，我要感谢我这 10 位研究生的付出。

本书难免有错误和不妥之处，衷心地希望专家、同行和读者批评指证。

全　燕